流行即是美，因为风格皆美。风格皆美，也需流行提携。

目录

第二部分 渐渐远去的时代

第三部分 带刺的玫瑰

第四部分 甜蜜的折磨

第五部分　潮流易逝，风格永存

前言

总有一天　你会找到自己的风格

我是严重的脸盲症患者，这点很糟糕，给我带来诸多不便，我猜我得罪过很多人，就在这里道个歉吧。也因为自己总记不住别人的脸，所以当有人在第二次见面茫然地盯着我时，我从未感到不快，而当一些不熟悉的人迅速把我辨认出来时，我总是受宠若惊，因为像我这样长相特点不突出，话少，衣着又不够夸张怪诞的人，被记住应该是有点难度吧？

要是被人认得后，对方跟我说，你每次都穿得美，第一次见面你穿了一件什么样的衬衣什么样的裙子，我就会很愉快，觉得自己花心思研究出门穿什么，算是没有白忙活。

靠衣着提高个人辨识度，是一件有点吃力的事情。这件事是与追求高辨识度品牌相悖的事情。就是说，你越是穿戴大家一眼能认出的衣服包鞋，你就越不容易被记住，但是，每次都变个样，就有鲜明的个人形象吗？也未必。这就不得不说到个人风格，一件相当棘手的事情。

我经常被人问到一个问题：我该如何找到个人风格？这个问题被提及的频率之高，几乎堪比“我怎么才能变瘦？”所以，减肥和着装风格问题是时尚杂志永远不过时的话题，原因是，答案再简单不过，但没有人肯照办，都想投机取巧走捷径，时尚杂志就变着花样地帮大家出谋划策，如何如何才能事半功倍。

如同减肥的唯一有效方法是少吃多动，找到风格的路径是多看多买多试。其实这个过程未必是负担，没有减肥那么痛苦。作为女性，买衣服穿衣服总是要的吧，用不着天天默念我要找到个人风格，加油，坚持，为了目标而奋斗！你可以关注你的时装偶像，看看她们都怎么选衣服怎么搭配，时间久了，自然能领会一二。风格没有高低优劣，只有喜欢和不喜欢，其实每个人心中都早有风格存在，你一早就知道自己看到什么衣服会肾上腺素加速分泌，什么衣服压根不入你的眼，只是你不知道在这一类衣服里，怎样的设计才是上品，怎样的颜色搭配起来协调或醒目，怎样的手工和质感让它们看上去比较贵。这些，都需要你慢慢地看慢慢地买回来试。用不着强迫自己去尝试那些怎么看都别扭的衣服，别扭会写在你的衣襟和胸口，除非，有一天你突然接受它了，那么一切看上去都会是自然的。

慢慢地，风格就形成了。其实风格，就是学会了放弃。在万千件美好的衣服中，只选择最能衬托你个性的那件。当你找到了风格，别人看到你，会说："嗯，她穿这样的衣服果真很好看。"这样你就被记住了。开心吧？

但是问题又来了。现在我们该怎么处理潮流这个玩意儿？保持自己的风格又走在潮流前沿，听上去如此不现实、不可靠，这两样东西如何兼顾？表面上，这真是个问题，其实在操作层面上，没有人会难为你，每季的流行又不止是一两个，你的个人风格也不会仅限于具体的单品，喜欢极简风的，季季不落伍，喜欢运动街头风的，可选范围天大地大，喜欢混搭风的，不用说，你生对时代了！

即便潮流转瞬即逝，我们还是可以季季时髦又让风格永存。

就算我们没有一张让人一见难忘的面孔，也还有机会让人记得哦。

第一部分

时装与腔调

I

01 · 虚虚实实看时装

“衣服”和“时装”，我们都需要，就像女人在婚姻中既享受实实在在的日常生活，又渴望体验心情激荡的爱情感受。务实是衣服，务虚是时装。

品质这个词，我记得在我小的时候是一个很严肃的词，“品质有问题”，那么这个人一定是个坏蛋，大家务必跟他保持距离一公里以上。后来不知到了何年何月，品质就成了一个特别上档次的词，杂志上会经常用到，当人们说到“特别有品质”的时候，会瞬间感到指尖有一种碰触到柔软、轻盈、细腻的天然织物的陶醉触觉，心里被一种温柔的感受围绕，即使是说“品质不好”，也不是什么了不起的事，无非是面料容易起球，缝线有点歪，扣子不牢固，实在看不惯，扔给阿姨擦玻璃就是了。

品质成了“品位+质量”的代名词。放到时装范畴里，容我上纲上线地讲，有品质在，衣服就质变成时装。

我们在生活中很少会讲到“时装”这两个字，我们会说你今天穿的“衣服”真好看，明天你陪我去新光天地买“衣服”吧，周末的派对我应该穿什么“衣服”呢……偶尔提到“时装”这个词，语气会郑重得多：秋冬季“时装”流行趋势会是怎样？Gucci“时装”秀场头排都坐了哪些明星？衣服与时装，貌似只是称谓不同，口语和书面语的区别而已，其实它们所承担的角色和我们在说起时的感受，是完全不一样的。

衣服这个称呼是如此的平和、亲切、接地气、实实在在，无论是淘宝顺手拍下的便宜尖儿货，还是5位数价签的名牌货，只要称为衣服，你对它的感情就仅限于喜爱，让它衬托你，让它服务于你，你看到更多的是它表面的价值：是不是当季时髦款？面料够不够好？牌子够硬吗？我穿上去会不会显胖？……你花钱买下一件衣服，就要衡量它是否值这个价，是否能换回你想要的被关注和心理满足感，这是一件超级务实的事情，没有多少浪漫的成分。

如果说务虚，时装就是。时装这个词，听上去有点傲慢，有点高高在上，离生活稍稍有点儿远，但并非遥不可及。你一直可以感受到它，虽然你可能看不懂它，甚至被它惊到。但若干年后，你发现原来你正在穿的衣服竟然跟当年让你困惑不已的设计有相似之处。时装需要被进化，需要被创新，否则就只是好看好穿的衣服。今天的时装界迫于商业数字的压力，追求时装的实穿性，在工艺和面料上下足功夫，具有良好的质地，剪裁照顾到行动的方便，创意方面则只是蜻蜓点水适可而止。这自然无可指摘，顾客满意呀，可以买到自己心坎儿上的衣服，然而对热爱时装的人来说，年年岁岁大同小异的复古造型，岁岁年年换汤不换药的图案廓形，该有多么的闷！

衣服和时装，我们都需要，就像女人在婚姻中既享受实实在在的日常生活，又渴望心情激荡的爱情感受。缺少前者的女人会没有被安全感支撑的温润柔和，缺少后者的女人会在平淡枯燥中逐渐枯萎。我们务实的时候要一分一秒一针一线地计算，务虚的时候则要大无畏地拥抱我们的梦想。在安全范围内有一些小小冒险的冲动，美得有理想、有激情、有品质。

02 · 优雅即是不老的特权

潮流逆生长的今天，人人做着“今年二十明年十八”的白日梦。终有一天别人会从细枝末节看出我们已经青春不再，值得庆幸的是，到那天，自有优雅替我们抵挡一切。

这几季，时装潮流大家各有各的兴奋点，唯有一条全面统一，就是铺天盖地的少女风。此风实在强劲，导致人人心头一片粉嫩，穿不穿另说，光是看看，也觉得一下子年轻好几岁。逆生长？这简直是太大的诱惑力。在明星名媛越来越低龄的今天，超过30岁还出门，简直成了一种罪过。

Sharon Stone前几年到上海出席Dior护肤品的系列推广活动，面对众多媒体关于“是否担心变老”的问题，她坦然地回答“能够有机会变老是一种幸福”。类似的，Kate Winslet成为Lancome代言人时，也说自己从不惧怕变老，她甚至坚持要求她拍摄的广告硬照不可以利用PS手段欺骗大众。

她们是否真的对红颜老去抱着这么无所谓的态度，大众不会知道。如果我是明星，我也会说同样的话——让别人知道你担心变老，等于是提醒大家你正在变老。不过事事无绝对，也许她们真的可以坦然面对，人终有一老，与其惶惶终日，不如不去管它。再说，真正可怕的不是老，而是衰老，虽然只差一个字，意思可完全不一样。

02 · ——

衰老意味着放弃，眼睛不再有光彩，走路姿势拖拖沓沓，嗓音浑浊、语言平淡，衣服款式过时颜色不调……有谁愿意变成这个样子！而一个衣装优雅、举止得体、表情生动、嗓音轻快的女人，即使是上了年纪，又怎么会缺乏魅力?

美国某时装月刊有一个经典栏目，展示给读者大量的时装单品，用以分别说明从20岁一直到60岁各个年龄段如何有品位地挑选衣服。初看这个栏目根本摸不清头脑，坚持看了几期，大概搞懂了，说穿了编辑的思路特别简单，就是越嫩的人穿得越随便，越老的人越穿得姹紫嫣红，20岁穿白Tee配牛仔裤，60岁穿嫩绿衬衫配宝蓝长裙。期期如此。虽然这个思路简单到成了套路，况且是否年轻人就必得穿得低调，而随着年长就一路越发高调下去这一点值得商榷，但至少说明了一个大家都认可的观点，就是年龄越大，在穿衣服上面下的功夫应该越多。

那倒不是说，超过30岁就要拼命地堆砌各种风格，或无节制地买名牌。如果过了披麻袋也好看的年纪，就要想想怎么穿才能让自己看上去更有格调。人们能够原谅20岁的女孩子穿衣不靠谱，但不能容忍一个成熟女人的胡搭乱穿。上帝是公平的，他在你尚未形成好品位的时候给你青春美貌，在你红颜褪去前给你足够时间培养品位以弥补失去的年轻魅力。我们要领会上帝的好意，在变老之前，读通所有时装风格，找到最适合自己的那个，永远时髦优雅。

时至今日，时装的年龄概念早已模糊，没有人会说某件衬衫只能在20岁穿而某件外套30岁之前就穿不出味道。如同Yves Saint Laurent所说“优雅不在服装上，而是在神情中”，让我们就此发展一下——时装的障碍不在于年龄，而是关乎品位。同样衣服，既可以穿出少女的清纯，也可以演绎熟女的风情，Louis Vuitton以最简单有力的方式证明了这一点：同样是2010春夏系列，T台上的青春少女形象与广告片中Lara Stone的性感撩人形象大相径庭。

其实，穿衣的功课说到底，不过是两件事情：第一，怎么选；第二，怎么搭。

选衣服，我有个体会。我在10年前逛街看到某些款式，心想那是10年后才会穿的衣服，10年后的今天，看到同样类型的衣服，第一反应依然是“这样的衣服还是老点再穿吧”。其实，有些款式有些颜色，给任何年龄的人穿，都会看上去老10岁。所以，20岁让你觉得太老的衣服，到了30岁、40岁，你还是别认命地去穿它，这件衣服一定有问题。

怎么搭，这个学问太大，如果一句半句就说得清，所有时装编辑都失业了。不过本着为读者服务的原则，我还是提个最基本的建议：当你把握不好分寸时，不妨把优雅当作最保险的搭配风格。优雅是全天下女人的避难所，也是年华逝去的唯一出路。不要觉得优雅缺乏个性，60岁的赫本与60岁的龚如心站在一起……你明白我要说什么了吧。

一味地扮年轻并非通关必胜武器。当年小甜甜龚如心的老妖精形象可怕到令人发指，这真要感谢她，如果不是她，也许很多人还会心存幻想，觉得穿得像个少女就真的会回到20年前。有些属于年轻人的时装，过去了，就别再碰，比如甜美型，这个完全只属于皮肤光洁、眼神无辜的少女，蝴蝶结、公主裙只会衬得人更老，而且老得没有尊严。至于一季热过一季的少女风格，要是你够本事把它演绎成适合自己的形象当然再好不过；如不然，当它不存在吧，反正还有那么多流行可以选。有些衣服则可以一直穿到天荒地老。凡是那些款式经典、颜色纯粹、线条简洁的设计，永远可以把人最光彩的一面衬托出来，年轻时穿有青春的味道，上了年纪穿有成熟优雅的味道。你就一直穿吧，可以穿到60岁。

现在，你还很年轻，不用急着去塑造优雅的形象，因为下半生都要跟这个词打交道，当下尽可放肆地尝试各种可能性，30岁以后，也许40岁，你就要踏实下来，好好研究优雅的功课了。

03 · 好的时装 是用美丽的语言说出庸俗

世间绝大多数美好的东西都充满烟火气，包括我们心心念念的时装。我们之所以不觉得它庸俗，是因为它使用了一种美丽的语言表达自己。

你喜欢电影《了不起的盖茨比》（*The Great Gatsby*）吗？我不喜欢。即便里面美丽的Prada华服和高贵的Tiffany珠宝看了让人眼红，可我还是看出一肚子的抱怨。那些洋人版春晚般浓艳堆砌的360° 无死角豪华制景，马戏团般纵情声色的“轰趴”场面，还有夜店式的激烈Hip-pop配乐，艳俗到骨子里。

有朋友反驳我说，别那么刻薄，这个故事本来就是讲一个俗气的暴发户，所以俗气正是主题需要好吗。好吧，你愿意接受这个理由，你就接受。我可不这么想。讲一个庸俗的人一件庸俗的事儿，跟是不是用庸俗的方式讲述，根本不是一个概念。

天下的人都是俗人，天下的事也都摆脱不了俗气。幸福最庸俗，无非都是花好月圆、你侬我侬、开枝散叶、家庭和睦、三世同堂，不庸俗的，多半不够幸福。美好的东西都庸俗，不可避免地充满世间烟火气，时装也是如此，跟你讲哲学、讲艺术的时装我们不讨论，我说的是真正的时装，这季流行下季过时20年后又流行回来的时装。

觉得自己一点儿也不庸俗的女性，不用看这篇文字，其实你也看不到，因为一点儿也不庸俗的女人根本不该关心时尚，不会花钱买这本书。我就很庸俗。我想多赚点钱，买更多美丽的衣服，到处旅行，吃好吃的东西。三毛够脱俗的了吧，但是她说，如果我不爱一个人，就算是个百万富翁也不嫁，如果爱他，就算是个千万富翁，我也嫁。她的意思是说，嫁人跟钱多钱少没关系，但还是钱多一点会比较完美。这个价值观我认同，女人还是俗点可爱。

扯远了。

人是可以庸俗，也非庸俗不可。时装也是个庸俗的存在。但是我们包装自己，讲述自己的方式，就不必采用那么庸俗的手法了。这么说好像是在怂恿大家做“圣母婊”，其实不是。用美丽的语言说出庸俗，让生活中的柴米油盐姿态优雅地存在，是我们都在追求的美好。我们爱漂亮，爱时装，时装完全是个庸俗的存在，充满了钱的味道，欲望和虚荣心都那么明确——显示品位或者个性，吸引注意力，标榜社会地位，赤裸裸，不掺一丝杂念。我们不必掩饰自己的俗，而我们看上去没那么俗气，是因为在努力让自己姿态优美，一边俗气着一边优雅着，姿势美好地享受俗气的快乐。一件品质上好的羊绒大衣，一款潮爆的阔腿裤，一双就算令双脚磨出水泡也要忍下去的超高跟鞋，虽然说穿了背后都是毫不浪漫的金钱、买卖和商业数字，虽然你知道这些玩意儿用那么多钱换来的真正功用其实在任何快消品牌中就能实现，余下的不过是虚幻的心理感受，但是你不是仍旧兴致高昂地为此买单吗？好的时装，就是让你忘了所有这些“虽然”，只剩下“但是”。时装的存在难道不是为了满足虚荣吗？不是为了比女同事更有男人缘？不是为了被人另眼相看？好庸俗。

一件好的时装，会让这个庸俗的存在变得赏心悦目，变得充满艺术气息，变成一种人人追求的生活方式，变成一种文化……

03 · ——— 衣服不能变出第三只袖子，不能产生前所未有的颜色，不能让一个胖子穿上立马减掉三个号……能够变化的不过是长裙变短、短裙变长，面料从软变硬、从硬变软，鞋跟从高变低再从低变高，所以会讲故事就变得特别重要，让看到它、买到它、穿上它的客人立刻感觉光环附身。光说廓型、面料和舒适度，不提艺术、文化和生活方式，一件时装就和柴米油盐没什么区别。那么，即便是讲一个暴发户的故事，也不必在他出场时让烟花绽放作为背景，在炫耀财富时把衬衫狂抛出天女散花状，在极速飞车时甩给警察自己的名片彰显老大气派……我们在做一件俗气的事情时，让它尽量姿态优美些吧。

04 · 你的衣服说错话了吗？

时装是一种世界通用的语言，语态时态都掌握好，它会让你的声音响亮悦耳。

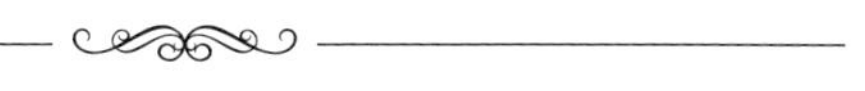

写专栏好几年，恕我直言，也不是每次都有话要迫不及待地跟读者说。可是到了截稿期，就是天打雷劈，也得乖乖交出一千多字来。到了实在无话可说的时候，会临时抱佛脚地翻翻笔记、邮件看有什么时装事件发生，问问圈内圈外朋友有没有什么时装感想，最不济，刷一下朋友圈，找找灵感，哪怕是一句有意思的话，没准儿这个月就助我过关了。

然而即使四大时装周正在热烈进行，每天的媒体、自媒体、订阅号都在疯狂抢时间发布每一场秀的信息和场外潮人亮相的时候，也很难让我兴奋，T台上推出的新系列固然美轮美奂，然而世界从来都不缺少美丽的衣服，我们缺少的可能是衣服和感情精神的种种联结。所以我刻意屏蔽掉那些时装周信息，看看是不是能发现更有趣的东西。

交稿前一天，朋友圈里只有一个内容，柴静的雾霾演讲视频大争论。这个实在跟我眼下的活儿没什么关系。直到一个朋友微信我："柴静的演讲不错……但她不能穿得好看些吗？"刻薄浮华如时尚圈，也没有人在疯转评论这段演讲时想到去议论她的着装问题，朋友作为一个与时尚行业无关的人，竟然关注点是这个，我很惊讶。但是想想，也或许每一个女性观众，在演讲刚刚开始，还没有真正进入话题的严肃性时，可能都会对柴静的着装不以为然——真是太随意了！

真的是随意吗？我认真地想了这个问题。没错，着装风格的确显得潦草，但我要说，造型想法不能说随意。她没有穿小礼服，因为不是参加颁奖礼，也没有穿职业套装，因为这次演讲的身份不是职业女性，她选择了简单的白衬衫牛仔裤和平底鞋，像任何一个在家待客或出门去超市诊所接小学生放学回家的女人，她代表的是一个普通的母亲，她看上去就像一个普通的母亲。她穿对了。

是的，服装总是抢先一步替你说话。

每一届奥斯卡颁奖典礼中都会有女星着装得到一片喝彩声，谁的红毯晚礼服最出彩，考验的不是身材（好莱坞女星身材哪个都不差），不是品牌（个个都能拿到响当当的大牌赞助），拼的是衣服跟自己像不像，就是说，那一件礼服，恰恰跟你骨子里最美的那一面是契合的，它替你说出最动听的话，站在那儿，一句话不用多说，看的人自然就懂。很多艺人明星，看上去面目模糊，你想描述她，却怎么也记不起她的相貌和衣着，也有很多艺人明星，一天一个样，造型师把她当模特任意发挥，一件衣服今天我穿明天你穿，最终谁也记不得衣服下面的她和她。

不像，衣服就没法替你说出你想说的话，词不达意，语焉不详，稀里糊涂，贻误时机。穿得对比穿得美更重要，也更难。关于时装修养和礼仪，今天的人已经不太在意，或许我们需要重新学习起来，让时装这门语言的语态时态更准确地表达你自己，让它帮你成就每一天。时装时时刻刻改变着我们的面貌，世界时时刻刻改变着时装，我们时时刻刻改变着世界，时装时时刻刻改变着我们……无限循环下去，人变成今天的人，世界变成今天的世界，时装变成今天的时装。

说到我们自己，当你读通新季的流行趋势，掌握了品牌的来龙去脉，理清本季必买和终生不必买的思路，最终入手最适合你的时装时，是不是感觉整个衣橱都是你的朋友、伙伴、身后的团队？选对了衣服，就像选对了知心朋友、生活伴侣、工作伙伴，一定是生活的加分项。父母朋友一定跟你说过，选择一个适合自己的老公，比选择外在条件过硬的老公更聪明。穿衣服，其实也是这么一回事儿。

05 · 流行的就是美的

不流行的不一定不美，但流行就一定是美的。这句话很绕，但我认为是真理。

我一直在小心翼翼地避开谈论牛仔——尽管它在近期大出风头，可我实在不知道牛仔还有什么好说。你看，它已经如此深入生活，假如在你的衣柜里寻不到它的踪影，你绝不会被认为落伍，而是超级有个性。相比其他时装，它绝无贵贱之说，无论平民还是贵胄，牛仔面前人人平等。

所以，关于牛仔，还有什么好讨论呢？牛仔的历史？百度可以告诉你一切。明星追捧的牛仔裤潮牌？时尚杂志专门有栏目进行详解，无须我再多讲。没有新鲜观点可以发掘，没有语惊四座的八卦爆料，说它作甚？

然而对牛仔在近期突然蹿红一事，假装没看见是不可以的。当牛仔做了N多年的衣橱必备后，突然一跃成为大出风头的流行要素，如此蹊跷行径，几乎让人怀疑其原因是时装圈突然集体创意匮乏，或是他们联合设计了一场阴谋，让大众为这不值钱的面料高价买单，以便猛赚一通钞票。

那么，就算是这么回事，请问这样一件平凡到可以视而不见的衣服一瞬间大红大紫，你是不是觉得它突然就变美了呢？

我的答案是：是的。

05 ·

那么，流行即是美吗？

我的答案依然是：是的。

我知道有人要骂了，因为我显得那么没有立场，对流行缺乏个人态度，盲目崇拜权威……可我还是坚持说：流行即是美。

不过我得承认，有此觉悟绝不是天生。曾经，当新一轮的潮流趋势以排山倒海之势汹涌来袭，我也曾嗤之以鼻，对着大师作品指指点点，誓做一个有思想有胆识不在流行中迷失的时装青年——不过每次都没有成功。每次，我都向流行投降了。

流行即是美，因为风格皆美。

无论是曾经看不顺眼到极点的80年代风格，还是让我两条腿显得又短又滑稽的哈伦裤，即便我打心底排斥，但也不得不承认，不喜欢是因为不适合我，并不是不够美。

流行是设计师预先看到了大众的需要，并为大众提炼出来的时装风格。追求流行不等于没个性，对潮流敏感会让你觉得自己始终年轻充满自信；追求流行也不等于缺乏风格，一季之中十个八个流行点中总归有适合自己的。

风格皆美，有时也需流行提携。

说回牛仔。

牛仔实在是件讨喜的东西。恰恰因为它平凡、随和、亲民，谁都少不了，才有偌大的创作空间。Yves Saint Laurent曾经慨叹，这辈子最遗憾的事情，唯有牛仔布不是他发明的。大师这番感慨发自肺腑，纵观数十年，潮流一轮一轮地上演，只有牛仔生生不息，赶之不尽杀之不绝，像它的面料一样坚韧。如果让我选择一类单品持续不断地穿上一年，除了牛仔裤，还真不知道有其他更好的选择。然而因为太过平常，往往会让人忽略它是时装的一部分。“时髦”两个字，对牛仔而言会显得有些遥远，而流行的光顾，让牛仔成为潮流前沿，是一针兴奋剂，让平凡的生活变得传奇。

牛仔如此体贴入微，它可以成就任何时刻任何场合的任何style——就连秀场谢幕时，高调做事低调做人的设计师也常以牛仔裤亮相。时时刻刻高调做人的John Galliano说，style就是穿着曳地礼服去麦当劳，脚踩高跟鞋踢足球。照他的说法，牛仔就非常没有style了，它在大多数场合都不会显得突兀、脱离现实，无论去麦当劳、办公室还是夜店，都算是合情合理的装扮。需要dress up的时候，牛仔照样可以应付，所以，John Galliano的时尚观也可以理解为：穿着牛仔去歌剧院，穿着牛仔参加国宴。

如此轰轰烈烈的流行注定不会持久，下一季牛仔已经在T台上销声匿迹。让牛仔还是做回衣橱里的常备单品吧，它的永恒魅力，倒是不在乎这一两季的风头。

06 · 主流&非主流

有人喜欢主流，有人喜欢非主流，全都无可厚非。但假如你想引领时尚，就要厘得清两者的关系。

我最怕被人问些大而笼统的问题。假如你问我“最喜欢秋冬季哪个时装品牌的设计”，我会兴高采烈跟你讨论半天，但若严肃地问我“你对时装是怎么看的”，我就会顿时语塞，不知道该从哪里说起。最近与朋友闲聊，被问及“你们做杂志的人整天说时尚时尚，到底什么是时尚？”这个人喜欢刨根问底，拿“时尚是一种生活态度”之类的话来敷衍是绝对搪塞不过去的，看着他认真求知的眼睛，情急之下冒出一句：“时尚就是主流价值观下的非主流生活态度。”

我自己都不知道自己说了句什么。好在朋友没有让我解释，而是若有所思地发了半天呆，最后点点头，放过了我。我话一出口先是很紧张，准备好长篇大论地去解释，没被继续追问，我松了口气，继而得意扬扬，觉得自己大概说了句很有水准的话。

其实我只是说了一句大白话。你我都明白，纯粹的主流不是时尚，纯粹的非主流也成不了时尚，主流群体中个别喜爱整点动静的人，带动更多的人尝试一些稍具颠覆性又不违背主流价值观的玩意儿，就成了一个阶段的时尚。不过谈到关于时装的主流与非主流，倒是有很多话可说呢。

06 ·

对时装稍有见解的人，特别容易犯一个毛病，就是他们觉得自己作为时尚中人，见识不应该停留在跟普罗大众同样的段位上，如果追捧的净是些耳熟能详的大品牌，那可显得多没个性多俗气。因此他们嘴里念叨的绝不是Louis Vuitton和Gucci，连Céline和Balenciage也不能总挂在嘴边，他们心心念念的，最亲和也得是Comme des Garcons，超凡脱俗些则是Maison Martin Margiela和Gerath Pugh，潮流品牌Acne和Vetments说出来特别有面儿，大爱必须是Giambattista Valli，Gosha Rubchinskiy这些普通人别说听过，就连读也读不出来的品牌。

我可没说不许人家喜欢这些牌子，相反，我觉得真正懂得欣赏非主流时装的人，一定挺有眼光和个性。我只是不耐烦有些人毫无道理一味排斥主流时装品牌。审美这件事，我始终认为还是有相对的统一标准。这跟味觉感受差不多，大多数人喜欢的口味，一定差不到哪里去，而有特殊味道的食物，总是有人爱又有人避之唯恐不及，当然你觉得蓝纹奶酪的味道妙不可言也许是你更懂得西方美食的精粹，但你不能说喜欢麻辣火锅的人就俗不可耐吧？

一个品牌形成独特的气质需要时间的沉淀，那些经历了几十上百年风霜的经典品牌，如果没有足够引以为傲的经典设计，经得起时间考验的品质，以及不断创新的精神，早就在长江后浪推前浪的过程中被拍死在沙滩上了。一个主流时装品牌，承袭延续品牌的DNA是最基本的生存基础，创新则是发展的需要。大方向下的小发挥，主流品牌也会有非主流的设计产生。Louis Vuitton的Monogram手提包主流到人人都想要一只，而且并非不能实现，而与村上隆合作设计的樱桃包在Monogram上稍作创意，则成就了一个新的时装话题，被人们津津乐道至今。Louis Vuitton在国家博物馆展出的“路易威登艺术时空之旅”中可以看到在它

06 ·

Louis Vuitton 樱桃包

Louis Vuitton speedy monogram

的历史中有多少设计表现了当时那个年代的先锋创意和艺术情感。Chanel在上海和北京展出的“文化香奈儿”与Dior在上海的“Lady Dior我之所见”艺术展，同样可以让你感受到经典品牌的魅力。它们主流，但又爱做一些非主流的事儿。一个品牌能够成为主流经典，是因为它曾经很多次改变过很多人对时尚的认识。如果有人小瞧它，不是因为有个性，而是因为无知。

在社交网络的强助攻下，现在主流与非主流其实已经很难被明显区分，你说Aquazzura的鞋子算不上主流吧，可就连设计师自己的Instagram上都发了张秀场头牌5连撞的照片，好多人连品牌到底怎么念都不知道，但却不耽误它与Olivia Palermo、Poppy Delevingne的联名设计款被疯抢。如果放在几年前Acne还算是非主流，现如今别说Acne，就连Vetements都是随时能在淘宝找到同款爆款的主流了。可相反的，像Gucci和Céline这样的主流大牌，现在居然还能在那些曾经主攻叫不上名字的小众设计师的买手店里，占据满满一排货架的位置。难道不是证明了主流审美是具有相对统一性的吗？

再换个角度来说。穿衣服也要懂得把握好主流审美与非主流审美的分寸。你看那些被人追着模仿的IT girl，虽然各自代表了不同风格和个性特征，但都是在主流审美能够接受的范围内玩创意。另类如Lady Gaga，虽被人关注，但是又有谁会模仿呢？所以还是回到文章最开头，再次肯定一下自己的总结吧：时尚，就是主流中的非主流。

07 · 那些接地气的时装感触

时装与艺术共通，也与日常琐碎相联。

最近家里开始忙装修，我每天脑子里转的都是瓷砖、壁纸、净水设备和马桶。这是多么实在、具体、接地气又折磨人的生活！有一度，我希望所有装修过程能够闭着眼睛忽略过去，然后直接进入买家具的有趣有腔调的装饰阶段，后来发现不仅不能闭上眼，反而要把眼睛睁得越大越好，而且，我突然意识到，一个人做一件事久了，突然跳出去干点儿别的，再回来，会发现对旧的事情又有了新鲜的视角。

所以你懂的，我不是想跟读者讨论装修问题，当然还是要说回时装。

我首先想说的是：美就是实用。

做杂志的时候总在纠结这个问题，似乎美跟实用就是个不可调和的矛盾体，美增一分，实用性就会减一分，相反，实用性加一点，美就损失点。我在以编辑身份琢磨这个问题的时候，其实是在替别人、替读者考虑，但到了装修自己家的时候，这个问题就落到自己身上了，想躲都不行。动手之前，我搬来大量家居杂志和设计图册，每天翻到手软，脑子中渐渐形成了对家的初步规划，十分得意。这时候，问题来了，父母家人对我的设想嗤之以鼻，他们认为我不切实际，为了美观牺牲掉实用性，并且一致认为杂志上的图片根本不是给人住的而是给人看的。我纠结了。辗转反侧失眠多日痛定思痛，最终还是决定按照自己的想法搞。对我来说，美才是实用。洗手间贴壁纸铺木地板就算需要小心翼翼使用，哪怕过几年换一次，总好过我每天对着一地一墙冰冷难看的瓷砖生闷气；优雅的法式藤编椅背的确在尘土飞扬的北京难以打理，但是我宁愿花时间一点点擦去上面的灰尘，也不想为了省事接受一把简陋的餐椅；留一面墙只挂张画会浪费空间，那又如何，这个空间如果不美，留着它又有何用?

实用对每个人来说是完全不同的概念。有的人觉得白色大衣不实用因为容易脏不耐洗，有的人觉得大热的mini手袋不实用因为只能放下一支口红和一串钥匙，有的人觉得鞋跟太高太细不实用因为走路累得慌。但是有的人，就会认为白色大衣能让她在冬天灰突突的人群里格外出挑，mini手袋由于是这一季的时髦所以心理感受格外良好，12公分的细高跟鞋让她的小腿更纤细腰身更妩媚，所以实用得很。也许把这件事上升到三观不同导致人们对实用的理解不同有点上纲上线，不过，真的就有那么一批人，为了美而生，对生活美感的需求大于对生活舒适简便的需求，我说什么，你全懂。

接下来我要说的是：根本没有性价比高这回事。

无论穿衣服还是买家具，当然是越财大气粗，赢面就越大。我在咨询一个做室内设计的朋友该选择哪个品牌的房门时，日理万机的他没耐心给我开讲座，直接回我一句：你记着，贵的一定是好的。我对他这样不负责任的搪塞很气愤，但转而一想，人家说的是真理哎。没有所谓性价比这回事，回到刚才说的问题，你先明确你所关注的“性”是什么，才知道什么是性价比。在这件事上，我让了步，向现实低了头，只要材料品质过硬，东西不难看，越便宜越好。所以说到底我是个没追求的人。至于说到时装，贵的一定是好的同样说得通，不然，又贵又糟糕的品牌，哪能行销这么多年，早就死翘翘了。20块钱的卡通电子表，比10万欧元的百达翡丽走时还准确，所以如果你说前者性价比高，我没有意见。

我还想说的是：用力过猛走到哪儿都不合时宜。

动手之前我看了很多装修案例。原来家装界也有那么多的Dress Up。那些奇思妙想与复杂的堆砌，让我觉得住在里面还不如家徒四壁更自在。我不知道去这些人家做客会是什么感受，但我明白了不给别人造成视觉负担也是一种社会责任，从此更坚定了品位的最高境界是信手拈来的优雅和看似不经意的美。虽然Dress Up也是一种着装态度，但需要更高段位的审美和驾驭能力，才能让你希望看懂的人看得起。

还有一件重要的事要说：世间存在能够以一当万的衣服吗？

细节控逼疯人。我每天一大早爬起来去工地指挥工人干活，艰难地翻越一堆堆水泥沙子、在锯末满天飞的空气里用压倒电钻的声音跟工人大喊大叫，有的时候还要蹲下来一寸寸量地板的缝隙以检查他们有没有按照我的要求施工。往往两个小时之后，满头大汗浑身灰尘，然后抛下愤怒无奈的工人，开车去上班。接下来的一天里，开会、见客户、参加时装新品预览、与品牌公关晚餐，像我这种既对自己有要求又天生懒惰的人，实在是希望有一些衣服鞋子，可以让我游刃有余地穿行在水泥沙子、办公文件和鲜花香槟之间。

相信有我这样需要的人不在少数。要不怎么经常能听到时装店员游说客人“这件衣服无论上班周末都能穿”以及杂志经常会做一些“一件外套走天下”的选题。所以这基本是个强需求，特别是在我们这个时代，一个女性必须分身有术，又不能像旧时代体面的妇女那样有条件一天换好几次衣服。

但这基本是个矛盾的伪命题。即便品牌心机颇深地跟你说，本季某新款好实用，最适合逛街时穿想要去party也没问题，其实他们并不是真心要你这么做，等你不顾一切地刷了卡，接下来他们不动声色地挂出那件闪着要人命的美丽光泽的绸缎晚礼服，你会立刻觉得，这才是我去party震慑全场的战衣呢，谁要费心去想怎么把卫衣穿出华丽性感?

用一个造型完美hold住24小时，是一道无敌超级难题。除非今天你只去上班，或只去约会，或只去装修。时装本来就是要把生活搞得更加复杂的东西，简化生活绝对不是它的使命。我在陈丹青一段访谈里看到一段关于时装的有趣的话：“我无条件同意时尚业所有挖空心思煞有介事的诡计——或者阳谋——那是必要的反常，人类因此成为人类。虎狼界牛马界会用心打扮自己，涂上眼晕，给每个爪子穿上高跟鞋，而且来回走台吗？”一个跟时装不搭界的人的见解往往既有趣又鲜明。时装是挖空心思煞有介事的诡计，如果一件衣服让人感觉到舒适、方便、简单、快捷，让人找到“再也不用买其他衣服了”的感觉，基本上，这件事只会发生在我爸身上——连我妈都不行。

所以，别再骗人说世界上有全年无休盘活整个衣橱的衣服了，别再说哪类单品就是女人的避难所，不知道穿什么的时候穿它就对了。时装如果可以缩略到这么简单粗暴的地步，我写了多年时装专栏岂不是自讨苦吃，时装杂志就更加没有存在的必要。你可能听说过小黑裙可以帮你渡过所有难关，只要你不介意自己永远面目模糊，OK啊。潮人近来告诉你，球鞋不仅可以穿去打球，还可以穿去看秀，可是我也要告诉你，这个时髦要不了多久就不再时髦了，不信等着瞧。

你觉得失望了？本来以为我会列出一个清单，以供你去对照购买，然后余生就不必再为穿衣服这件事情头疼了。说真的，这件事情不可能发生，我可不做这么不道德的事情，我还是得负责任地，真诚地，始终如一地劝你买买买。至于我自己，装修终于快结束了，我的问题也即将终止，没有工地和酒会如此极端场合同时存在的情况下，以我做时装编辑这么多年的经验，常规穿越还是不在话下。你们的问题，自己去解决吧，只要不妄想找到一件以一当万的神奇衣服，总会找到办法。

最后要说的是：天下没有免费的早午晚餐。

装修和时装这两件事，都是费钱、费时间、费精力的代表。装修这件事，我不相信有人会每天做（装修公司除外），衣服可是天天要穿。别指望你能轻轻松松布置出一个漂亮的家，也别以为会穿只需要天分。经常有人问时装编辑如何才能选对衣服穿对衣服，我也很想总结出ABC分享给你，但其实我更想告诉你的是：尽管我做的是时装这一行，尽管这是我的专业，我也是不断花钱、花时间、花精力才能够获得你的赞扬。

Fashion这门特殊语言，不分种族不分国界，但难懂、多变，也有四六级，时态是关键。想学通这门语言，先得搞懂政治、经济、历史、文学、艺术……三十六计七十二变，样样不能落。

当红时尚博主Bryan Boy最近不留神说错话了，他上传了一条Twitter：“同学们，抓紧时间，你们只有一个月不到的时间减重让排骨凸出来，时装周就在眼前了！”当然，关于减肥的话题，在时尚圈里普通得就像律师谈论犯罪，医生谈论肿瘤，学生谈论成绩单，可是“政治不正确”的话可以私下里讲，绝不能公开跟粉丝们过嘴瘾，特别是Bryan Boy的博客每个月有大约140万次的浏览量，这里面起码有40万人超过正常标准体重，100万人超过时尚圈标准体重，你想结果会怎么样？公开膜拜瘦骨嶙峋的世界会激怒很多人，连时尚圈人也不会站出来挺他，在“环保”“健康”“平等”等问题上，时尚中人做不到归做不到，起码可以保持沉默，又何必像这个博主一样嘴贱招惹是非。

这件事情说明了这个博客质量还不错的时装博主其实“时装觉悟”真心不高，他还没搞清楚身为全球知名且具有相当影响力的时尚博主，应该具备社会责任感和正能量。相反，另一个实例则显示出时装人的境界也可以很高端：老佛爷在Chanel2013春夏高级定制秀上，让一对身着婚纱的模特手牵其4岁教子压轴出场，表明了他对法国现任总统奥特朗关于同性婚姻立法的支持。与此同时表达相同观点的，还有法国时尚名刊二月号，封面两位穿白衣的女模特拥抱在一起，下面用红色粗体字打出“所有人都可以结婚！”的标题。Fashion，可以简单到一鞋一袜一针一线，也可以深奥到影响人们的生活和三观。虽然Fashion圈人群被相当多的人误解为只会花钱打扮看秀赶派对，但其实时装产业也要靠对人类有实际贡献才得以运转。时装是时代的一面镜子，时时刻刻折射出社会的发展和人们生活观念的改变。Coco Chanel当初给女人穿上长裤是听到了女人要解放自己身体的呼声，Christian Dior让女人重新束起腰身是察觉到战后人们渴望远离那些紧张呆板的线条让自己重新美好起来。伟大的时装一定要“Say something”，而不是仅仅秀出高贵的衣料和美丽的颜色。作为身处这个行业的意见领袖，必须要具备对于时代变化和人们需求快速反应的敏感力，通过时装表达自己对世界的看法和对社会的责任，如此才能让作品充满生机，当然，也会让生意更好做。

奥斯卡影帝Colin Firth的妻子Livia Firth在2009年发起“环保绿毯”运动（Green Carpet），倡导明星们在参加各大红毯盛典时穿着符合绿色标准的环保礼服，于是一长串星光熠熠的影星大名、奢华高贵的时装品牌logo与环保联系到了一起。Gucci前创意总监Frida Giannini表示：“将创意与可持续发展的环保理念相结合，使用有机可再生材料，对于我来说既是挑战，也启发了创作灵感。”时装业内权威人士也欣慰地赞叹：“这项倡议可算是为时尚行业正名了，时装除了有充满美学感的一面，也有充满道德感的一面！”道德时尚（Ethical Fashion）这些年屡屡被提及，正是时尚人用Fashion语言大声讲出来的主张。时尚可以包容虚荣和刻薄，却不是浅薄和无知者的避难所，道德感在时装业不重要？想也别想，John Galliano的教训还不够惨痛吗？时装人讲错了话，不要侥幸地以为时尚与外界绝缘能够得以幸免，当你以为在以Fashion的毒舌方式说刻薄话时，其实语气和内容一点也不Fashion，因为今天的Fashion要足够符合当下的社会道德观。时尚名刊集合全球主编共同发布健康宣言，拒绝过瘦的模特，美国时装设计师协会CFDA 去年也发布了模特启用规范，致力于为业界创造健康的工作环境，以色列更是立法禁止本地广告使用BMI低于18.5的模特。号召全民减肥瘦到见骨？开玩笑。

时装人不仅通过时装表达个人品位，更可以表达对世界的感悟。请别再认为时装是肤浅的、仅仅满足人们虚荣心的东西，那证明你还需要好好学习运用这门语言表达自己。Let's speak fashion!

08 ·

Chanel 2013春夏高级定制秀　图片由东方IC提供

09 · 自信才是你最好的配饰

自信当然不是不知天高地厚，而是你看过试过之后的一种随心所欲漫不经心，以及毫不在意外界眼光的超脱。有了它，你可以轻松地去掉很多修饰，甚至少买一些衣服，却依旧成为人人羡慕的时髦女郎。

在热播美剧《破产姐妹》（*2 Broke Girls*）中，除了笑料和励志主题外，我们可以从女主角Caroline Channing的现身说法中学到三件关于着装的事：1.即使没钱，依旧可以穿出上流范儿；2.一件配饰走天下，不仅很省钱，还能塑造个人风格；3.就算穷到吃饭都成问题，Style必须不能放弃。

Caroline的那条珍珠项链，简直比女主角还红，淘宝上输入相关关键词，就可以搜到各种仿制品。不过如果说她的上流形象全来自这条出身名流却非真正昂贵珠宝的项链，未免有点瞧不起这姑娘，客观地说，除了自小生活在豪门培养出来的时装品位和搭配功力，Caroline最牛掰的是敢把20美金的二手高跟鞋和廉价地摊货当名牌穿的底气，说白了，这就是自信——姐穿什么都美，比得了吗你们？！

为什么很多人穿了那么贵的衣服，你却觉得她根本不对——发型不对、唇膏颜色不对、外套跟裙子不搭、鞋子是过了时的款式；而有些人，穿着一身不知从哪儿买来的便宜货，你却觉得好看的要命——头发乱得像刚刚起床的样子但是好美，衣服不是流行款却很有风格，裤子原来可以这么搭配，喔，球鞋也能穿得如此有feel!

搭配品位不在本文的讨论之列，个人形象气质也不是绝对的赢面，今天我想说的就是，什么是气场，什么从最根本上塑造风格，什么才是让你赢得瞩目、压倒一切的时装王道?

Olivia Palermo穿得很棒吗？只能说还OK、不出错好吧？任哪一个有志于混时装圈又稍稍懂得时装的人，都能穿出这个水平，但她凭的是“我就是上东区名媛代言人”的态度，坐稳了符合大众审美的纽约上流时装风格的头把交椅。那么多年过去了，大家还在称赞Twiggy，身材纤弱然而眼神叛逆的精灵，带出60年代永恒的时装风潮，其实她既不是那个年代的唯一，也不是那个年代的第一，但是那种平静中带着挑衅的神态，无所谓一切的态度，让人觉得颠覆旧时代时装风格的人非她莫属。Kate Moss的一贯打扮，难道不是你我日常出街的样子？黑色基本款西装外套、紧腿裤、平底鞋……为什么人家不封我们为Fashion icon？因为你没有那种“告诉你我穿什么什么就是潮流”的霸气，不服不行。

轰轰烈烈的一轮潮流即将结束，新一轮的流行即将诞生。面对周而复始源源不断、犹如滔滔江水般连绵不绝的流行，你是否觉得要永远剑拔弩张地跟在后面气喘吁吁才能不落伍？真正的时装人却没有理由感到疲惫和无所适从，他们只需要坚持自己的风格，敏感地表达这个时代的声音，最重要的，是用自信做底气。

自信有多重要？重要到你敢穿人字拖去派对，戴高级珠宝去麦当劳，旁人还会对你刮目相看而不觉得你失礼与疯癫。反观历史，多少次时装的进步和发展都是因为一些异类对时装规则的颠覆和蔑视而成就，如果我们永远中规中矩，仅仅参照朋友的意见穿不出错的衣服，化不出错的妆，只有在规范之中才觉得安全，害怕尝试不一样的装束，从来不觉得自己比别人出众，那你脸上那副缺乏自信、小心翼翼的表情，始终会让别人怀疑你的时装品位，哪怕你穿得很够格！

自信就是这么重要。它让你穿着奇怪的搭配，却让人觉得这是一种创意，也会让你穿着平常的衣服，让人觉得是一种沉淀与淡定。穿名牌，是家大业大的底气，穿地摊儿货，是个性独到的品位。自信当然不是不知天高地厚，而是你看过试过之后的一种随心所欲漫不经心，以及毫不在意外界眼光的超脱。你都已经显示出这么强大的气场与自信，有谁好意思质疑你，即便出错，人家也会以为你是故意不循规蹈矩吧，搞不好还会被人模仿呢。

那么，当Caroline戴上那副名媛珍珠项链搭配制服，在快餐店拽拽地把几个美元的汉堡卖给那些客人时，她赢得的一定是“哇哦，这个妞可真不是一般的辣！”

09 ·

Twiggy, 1966, Photo by Terence Donovan　图片由视觉中国提供

第二部分

渐渐远去的时代

II

01 · 大师近了，大师的时代远了

时装大师们接二连三地仙逝、退休与破产，已经令大师时代的终结成为定局。然而，今日的时装界或许本就不再需要彼时代的大师，而更现实也更理智的说法是：必要情况下，未来的时尚界完全有能力凭空造一个大师出来。

《COSMO》曾经做过一篇特稿，题目是：中国离时尚帝国有多远。

中国离时尚帝国有多远?

北京飞往巴黎的CA933航班上，乘务员正在广播："北京到巴黎的飞行距离是9 800公里，飞行时间为10个小时30分钟"。

十次听到这样的广播，九次是在飞去巴黎时装周的路上。每次都在想，什么时候北京和上海可以拥有巴黎的时尚地位，我们做时装编辑的，就不必长途跋涉跑去欧洲忍受时差的折磨，每天钻地铁，听不伦不类的英文，虐待中国胃，全是为了去到那所谓时尚帝国，看看被我们敬仰的大师们在这一季又创作了些什么。

马上有好消息来报，Chanel一年一度的高级手工坊系列，继"巴黎—纽约"与"巴黎—莫斯科"之后，今年何去何从在各种猜测下终于尘埃落定，"巴黎—上海"将成为新的主题。就是说，Karl大师终于要在中国向全球发布他的大秀了。好吧，欧洲的时尚大腕们也该遭遭倒时差，抢出租车，努力听懂上海

话的罪了。

嗯，的确有点扯，我知道。Chanel当然不会让他们的贵宾落到这步田地。而我们，虽然不必开心到从此以时尚帝国自居，但至少，这是一件足以证明中国时尚地位的好事。中国遥望膜拜大师的时代早已远去，越来越多时装界如雷贯耳的名字来访中国，大师，的的确确离我们越来越近了。

当时，如果事情发生在那篇完成《中国离时尚帝国有多远》采访特稿之前，这个消息或许并不会让我对此有太多的心理纠结，因为这不过说明中国正在成为一个巨大的奢侈品消费市场，但并不等同于中国在时尚界拥有了至高无上的地位。而中国人的不差钱，还需要这件事来证明吗，地球人早就都知道了。

2015年，时尚界奥斯卡之称的Met Gala的主题被定为“中国：镜花水月”（China: Through the Looking Glass）后，可是在国内掀起了不小的浪花。范冰冰、李冰冰、赵薇、周迅、章子怡、刘嘉玲、倪妮、高圆圆等国内一线女明星们被打包发往美国大都会博物馆集体走红毯的阵仗，更是引来了各路相关不相关的媒体们纷纷报道，曝光率就差赶上春晚了。可是，当我们看着西方设计大师们从我们中国文化中获得灵感的展品——Roberto Cavalli 2005秋冬系列的青花瓷晚装；Tom Ford从清朝女式宫廷长袍和龙袍中获得灵感设计的Yves Saint Laurent 2004秋冬系列晚装；Ralph Lauren 2005秋冬系列露背盘龙刺绣晚装；1951年，Christian Dior设计的写满中国书法的鸡尾酒裙；还有John Galliano设计的Dior 1997秋冬系列中火红的气泡晚装的时候，又开始了新一轮为什么提到中国元素，就永远离不开盘龙、京剧和青花瓷的声讨。当然后续还有各路网友脑洞大开对当天到场女嘉宾们着装的评价，Sarah Jessica Parker跟福娃撞了脸；“山东天后”Rihanna

披了张来自中国设计师的“鸡蛋饼”；中国女明星们自然是巧妙地避开了这些容易被讨论的元素，倒是用一条龙袍让全世界媒体见了红毯上的中国姑娘都以为是冰冰的范爷，以一身设计师卜柯文花半年时间完工的“紫禁城”礼服，在这场都要被网友玩坏了的时尚盛会中得以全身而退。而为什么中国设计师走不出龙凤、旗袍、青花瓷，又成了新一轮被热议的话题。

当大众义愤填膺地说我们中国没有自己的时尚，没有自己的大师的时候，是否真的回头看过历史？欧美时装史可是在历史前进的道路上一步一个脚印的紧跟着，一天没落下，两次世界大战不但没有终止欧美时装的发展进程，还出现了像Chanel、Mary Quant、Yves Saint Laurent这样“不按常理出牌”，任性挑战社会大众价值观的大师们。当这些欧洲大师们不断改写女性时装史的时候，海另一边的我们，正在经历的是连年的战争，从抗日战争、到解放战争、再到“文革”，战争中连温饱都成问题的中国老百姓，有时间关心穿长裙还是穿长裤？我们爸爸妈妈那一代人，年轻的时候最时髦的是一套军装，还是得家里托关系才能搞来一套。那个年代，全中国的流行色常年只有两个，军绿和海蓝。直到邓爷爷在南海画了一个圈以后，全国姑娘们才有机会理直气壮地穿起花裙子。所以咱中国的时装史，从清朝以后，就没再有机会自己发展了，后来就直接跟欧美走了。

记得在那篇《中国离时尚帝国有多远》组稿前期，时装组集体开了个会，讨论中国可以成为或难以成为时尚帝国的原因。大家都有点沮丧，觉得中国时装业虽然有足够的经济实力和产业技术力量做基础，但软实力太弱，既没有奢侈品文化的传统，也不具备诞生时装大师的土壤。可不是吗？中国时装界在国际上至今未能拥有任何话语权，在国际时装舞台上，除了夏姿陈（Shiatzy Chen）和Masha Ma还在守住最后的堡垒，其余零星几个曾经在巴

01 ·

Christian Dior

01 ·

Gabrielle "Coco" Chanel

黎纽约时装周亮相的中国品牌，投石却未问到路，悄然离去。

然而经过在行业内多方面的采访调查之后，大家转忧为喜。我们甚至得出积极的结论：中国在未来一定可以成为一个时尚帝国。

今日的时尚帝国还需要以大师的存在为前提吗？拥有奢侈品牌才是时尚帝国的标志吗？我们曾经想当然地武断地相信这一点，从未质疑。但是在时尚产业被经济掌控的今天，一个时尚帝国已经不再是一位Dior先生或Chanel小姐可以创造的了。Yves Saint Laurent早在20世纪70年代就曾说过："大师左右消费者的年代一去不返。"法国高级时装工会主席Didier Grumbach在接受《COSMO》的采访时也曾反问编辑：你觉得在今天，对一个品牌来说，仅仅凭借大师的力量还足够吗？奢侈品财团会帮助一个成熟的市场创造出新的奢侈品牌，也会决定谁成为当今潮流趋势的发言人。

好在当全球一起追赶同一个潮流的时候，越来越多小小年纪就走出国门追求自己时装梦的少男少女们，也不断地吸引着来自全世界的那些品位刁钻的时尚评论人、买手和时装编辑们的注意。从连Diane Perner都点头称赞的万一方，到常年稳稳地出现在时装周官方日程上的Yang Li，再到今年入围2016年度 LVMH Prize候选人名单，还作为Dover Street Markrt 2016年签约的唯一一个中国设计师的XU ZHI品牌创始人陈序之。中国年轻设计师们都努力地摆脱"画着飞龙的蛋饼"和"花瓶去哪儿"的尴尬，追着自己的时装梦。她们将来会不会成为大师，真的重要吗？整个欧洲时尚圈也在经历这新老交替的时代，倒是"我们也有体面时髦的原创"这话能说出去，才相当鼓舞人心。

大师离我们越来越近，而时代却离大师越来越远了。

于是，我不知道该为大师时代的远去感到怅然，还是该对迎接中国即将成为时装大国而感到兴奋。我拿不定主意。我很彷徨。或许在未来，再也没有时装大师可以对时装界呼风唤雨，没有传奇，没有划时代意义的设计；未来的大师，将是由市场、消费者、奢侈品财团决定谁来做的时装大师。不过也许，这并不是一件坏事。这个时代将由我们做主，我们所期望的，可以自己来创造，不必再被谁左右，我们看到的，就是我们想要的。

Yves Saint Laurent 在他的工作室里

02 · 致我们从未真正拥有过的复古

我们总是怀念过往,那些流金岁月铸造的经典被一次次搬上T台。复古是多么美妙的一个词!但事实是,我们从未拥有,也回不去了。不过,你不觉得当下也很好吗?

又进入秋冬时装季了。20年代、40年代、50年代、80年代，在这许多年许多季的时装秀里反反复复兜兜转转，这一季里再次出现。复古谁不爱呢？ 复古这个词，不得不承认，显得特别有格调。无论什么，一跟这个词扯上关系，立马提升了一个档次不止。

为什么？难道是因为我们身处的这个时代特别糟糕、特别让人嫌弃吗？还是因为我们总是本能地怀念逝去的东西，或对那些我们从未经历过的年代充满过于美好的想象？或是因为复古的指向，总是在于那些经过岁月沉淀却依旧美好的事物，所以永远不会消逝那一份想念？

是的，我们总是在怀念过往。20岁怀念10岁的无忧无虑，30岁怀念20岁的意气风发，40岁怀念30岁的风韵情致，好像当下永远是用来给未来缅怀的。过往到底是有多值得怀念呢？

2011年上映的电影《午夜巴黎》不算一部太好的作品，但它讲了一个很棒的道理：我们总觉得黄金时代是在过去，而那个时代的人也在向往更久远的年代。人们总会产生别处的生活好过当下的幻觉。

这样说来，比起像男主角那样厌憎自己的时代，想逃遁到幻想中的黄金年代的不可实现性，我们穿件20年代的外套，50年代的伞裙，70年代的牛仔裤，就可以一秒钟找到那种重回经典的感觉，这是多么简单划算的一件事！

20年代的流金岁月，可以在《了不起的盖茨比》中品味到，那些销魂的流苏直身裙、美到让人屏住呼吸的珠宝、卷曲精致的短发、就算哭泣也不能蹭花的妆容，谁不想成为那样的女人？40年代的女人，即便身处乱世，买不起昂贵的面料和珠宝，没有那么多时间去等待一件需要慢慢缝制的衣服，却仍旧精致考究。50年代， 回归到蜂腰线条的女性化时代，女人是如此的充满情致。也许我们只有回头看看，才能记起女性优雅的性感到底是个什么样。那个时候，邋遢是犯罪，现在邋遢却是风格。我们生活在一个特别宽容的年代！正因为过去的时装在今天的Starbucks和Apple store里显得多少有些格格不入，才让我们觉得穿成那个样子会有一点点超脱于现实吧。

我不知道，50年后人们会如何评价我们身处的这个时代。时装历史书上记录的，21世纪20年代的着装风格会是什么？也许是自由无拘泥？尽管复古一再成为设计师设计灵感的借鉴，尽管你我都知道复古是多么的充满浪漫气息，它已经不可能成为今天的主流——我们要穿上那一身复古的衣饰，就要做出旧美人的姿态，坐在黑白电影中才有的公寓房子里，或金碧辉煌的剧院里，与身边打着bow tie（领结）的男人悄笑。我想说，这跟我们的现实不配套啊——所以它只存在于当我们在尽兴生活中感到一点点厌倦和疲惫时，点上一支烟，在迷离的烟雾中想象自己是一个旧时代的绝色佳人，有着超越现实的优雅姿

20世纪20年代风格时装

《了不起的盖茨比》20世纪20年代风格时装电影剧照

02 ·

Joan Crawford演绎的20世纪40年代风格时装

态，在一亮一灭的烟头中模糊着面孔。一支烟抽完，我们就接着做回自己，继续尽兴生活。

那就做回自己吧。虽然在不断抱怨着生活的粗糙、忙碌和焦躁，但事实上我们拥有的其实才是最好的。可以随心所欲地把一件字母涂鸦Tee穿成各种想得到的风格，可以穿去上班见老板，也可以去喝茶见朋友，上山下海随你便，只要你有足够的想象力！过往美则美矣，只是不再属于我们。你愿意回到过去那个时代吗？真的愿意吗？当我们在报刊上读到某人远离人群幸福地过着最简单原始的生活时，都异口同声地赞叹羡慕，但为什么我没有看到谁真的也去选择这样的生活？好吧，我们依旧可以怀念那些从未拥有的好时光，在我们塞满衬衫、Tee、运动衫和牛仔裤的衣橱里，留一个最好的位置给一件50年代Vintage连衣裙，心情好的时候偶尔穿出去。平常的日子里，哪怕只是打开衣橱的时候看上一眼，记起自己有那么一份复古的情怀，也已经足够美好了。

1947年巴黎街头的女士穿着

Grace Kelly演绎的20世纪50年代风格时装

02 ·

Pierre Cardin设计的20世纪60年代风格时装

02 ·

20世纪70年代风格　摄影师Shxpir@Sync作品刊登于《时尚COSMO》2016年4月刊

03 · 新奢侈快速多选题

我们总是想念那份逝去的爱情，却忘了正在享受同样美好的另一种爱情。也许这份感情不是天长地久，却带来轻松美妙的快乐感受。现代奢侈生活亦然，轻松、快速、选择多样。

前几年，卡地亚曾在故宫举办过珍宝艺术展，我认认真真地看完346件精美绝伦的古董作品后十分震惊。但我并没想向那些璀璨的石头表达敬意，克拉数也绝不是我要说的重点，最打动我的，是那些珍品背后传达出的令人惊叹的想象力以及创意与工艺的完美结合。

一起去的同事在现场表情沉痛："太美了，简直让我觉得难过，再也不会有这么美的东西了。"她的意思我理解，那些几十上百多年前的珍宝，只会出品于那个年代，沉迷于精致与奢侈，生活细节一丝不苟，可以潜心创作不惜时间与成本。那个年代的确是一去不返了。

参观完珍宝展，一行人立即赶去Chanel的巴黎—威尼斯早春系列媒体预览专场。现场放映纪录片，秀搭建在威尼斯阴云下的丽都海滩，模特顶着20世纪20年代、30年代的卷曲短发，忧郁地走在木头栈道铺陈的伸展台上。衣服充满了对Coco Chanel时代威尼斯的缅怀情绪——华丽、优雅、恬淡并充满艺术气息，片中还重现了当年种种。不知别人怎样，我当时汗毛根根竖起来，直想奋不顾身借用时光机器回到那个美丽至死的年代。秀后Karl Lagerfeld对记者说：我在这个系列的设计中努力寻找曾经的印记，但那个年代是无法复制的。

真是打击一个接一个。

难道我们注定活在一个粗糙的年代吗？难道我们再也无法体会到曾经那种从容的精致与一针一线一笔一画的完美？……好了，难道我就不能赞许一下我们身处的时代？！

当然。一百年前的生活实在太无聊，即便是贵族，整日也不过是读读书、看看戏、骑骑马、跳跳舞，所以这些百无聊赖的阔人才会有若干刁钻的要求，把无趣生活有限空间的每一个角落都装饰得金碧辉煌，也有足够时间等待他们的梦想在工匠手里慢慢成为现实。卡地亚珍宝展上一款1902年出品的珍品是枚小小的阳伞手柄，由铂金黄金玫瑰金三色金，明亮式玫瑰式两种切割方式的钻石，蓝色绿色粉色白色四种颜色的珐琅制成，上面还有若干机关。如此费料又费工的珍稀物件，不过是给一位太太晴天外出随身携带以便装饰在阳伞上。没错，我当时也曾感慨如今不会再有如此的奢侈品诞生，即便拿到今天，也不过是暴殄天物。可是，那是因为我们不需要呀，干吗随身携带太阳伞？我们还追着太阳要晒黑呢！生活方式的改变，决定了人们看待奢侈文化的态度的根本改变。

是的，现代人生活太丰富，我们要工作，要恋爱，要旅行，要写博客，要看美剧，要泡吧，要参加各种派对，要购物，要瑜伽，要刷朋友圈……生活节奏越来越快，接触的新鲜事物越来越多，需求也越来越广泛，我们都有点喜新厌旧、见异思迁，大品牌的时装发布从一年两次发展到一年六次八次，衣服刚上身，已经在张望下个时装季该有哪些鲜亮货色。如果跟衣服谈一场恋爱，太多的追求者向你送秋波表心迹，多少人有足够定力可以死心塌地从一而终？

我们不耐烦完全专注于某一件东西，也担心太久的等待会令我们错过更多的精彩。功夫做到极致固然好，但产品更新换代如此迅速，iPhone又何必镶金镶银？功能不断升级，容量愈加庞大，守着一只华丽的过时机器，金银岂不反而变成累赘？面对现代人求新求变的生活方式，奢侈品牌自然也会不遗余力开发新产品，并且在经典设计基础上进行再创作。时装界一方面新生力量不断崛起，另一方面老牌时装屋又有哪一个敢抱定经典款安然养老？大家必定隔三岔五整出些事端以振奋顾客的消费神经。新奢侈时代，太阳底下每天都有新鲜事，新的东西诞生，老的东西成为历史，无论你属于时尚长情还是一夜情，都享受着周遭世界不断变化的乐趣。所以，我们又何必心心念念惦记着不复存在的时光？我敢说，100年前的人，一定会像我们偶尔羡慕他们一样加倍羡慕着我们。

04 · 重拾属于奢侈品的美好

在理解奢侈品“少”“慢”“精”的特性时，也应该懂得“少”盲从、“慢”品味、“精”选择，让奢侈品回到原来应有的样子，才能体味到奢侈品曾经带给我们的那种美好感受。

近来网上铺天盖地的热议，关于在中国政府反腐力度不断加大的情况下，连续多年的奢侈品市场高增长遇到挫折。其间又逢“第一夫人”身着中国设计师品牌惊艳出访，引起国人的热血沸腾。“奢侈品的好日子到头了吗？”类似评论随处可见。

这种冷言冷语，多少有点幸灾乐祸。奢侈品在中国的高速扩张已经引起了相当多人的不满。这种不满存在于买奢侈品的人群中，因为人们觉得自己买到手的东西正在变得不再稀有、不再值回这个高昂的价格；同时也存在于排斥奢侈品的人群中，他们认为奢侈品催生了腐败和虚荣心造成人人追逐名牌的糟糕风气。身为时装人，在别人都不看好奢侈品前途的时候，却对当下的形势小小地感到了兴奋。因为，今天貌似奢侈品行业在中国走入下坡路，但我却觉得，这或许恰恰是奢侈品中国市场走向成熟，中国消费者真正成长起来的一个正式开幕。

你可能会觉得在北京上海街头，人人拎一只大logo的名牌包显得有点俗气，可是在巴黎的非游客区，我是指巴黎人生活的地方，无论静谧的街道、热闹的咖啡馆、隐秘的画廊、或是古意的

Vintage店铺里看到有人拎一只Louis Vuitton手袋依然会被对方的优雅所吸引——你先别急着拍砖，听我说完——手袋本身没有错，它古老的花纹是经典不是俗气，耐用的帆布涂层材料足够让你用上20年，实用贴心的设计照顾你从早到晚的需要……但这么多优点，却被中国过度售卖带来的负面效果掩盖了。显然前些年品牌宣扬的关于“奢侈品人人可以拥有”的口号已经完美实现，但人们在拥有了奢侈品之后，又产生了一缕淡淡的惆怅：奢侈品似乎太易得了，攒几个月薪水，叫辆出租车付个起步价，就到了一家精品店铺，走进去，在最接近门口的区域，有很多供你选择的货品，不消10分钟，店员就能把装着新季货品的纸袋恭敬地放在你的手上。而第二天你背着新包去上班，却在电梯间发现隔壁部门的Maggie跟你背了同款同色的包，你俩眼神一碰，说不上是默契还是尴尬。

接下来，顺理成章地，人们把注意力转向了那些行事低调的奢侈品牌，同样具有悠久的历史传统和独特的设计与工艺，但没有明显的logo，不急于疯狂宣传推广，不与明星攀交情博关注。可是你会发现，如果现在哪些品牌把低调当作品牌卖点，它很快就会成为争抢的对象，人人都急于“高调”地展示自己“低调”，结果又一次搅乱了局。Bottega Venetta的欧洲店铺挤满了中国富商，就是证明。

现在，也许真正到了奢侈品牌和消费者回归理性的好时机了。品牌高速扩张透支了品牌的价值和荣誉，没有“少”“慢”“精”，奢侈品已经偏离了原本的定义，成为比较贵的大众消费品而已。品牌开始自省，部分品牌在2013年放缓了在中国开店的速度。而消费者，也该静下心来理理思路，过滤掉盲目膜拜的心态，对奢侈品多一些了解，多一些尊重，在理解奢侈品“少”“慢”“精”的特性时，自己也应该懂得“少”盲从、“慢”品味、“精”选择，让奢侈品回到原来应有的样子，才能体味到奢侈品曾经带给我们的那种美好感受。

廉政政策真正造成多少奢侈品销量的负增长并不好说，因为贿赂在所有购买行为中的具体份额只是估算，也许中国的消费者终于稍许冷静了些，开始重新评价与审视自己疯狂购买奢侈品的行为，这一定是一件好事，会让奢侈品行业继续向前发展，或者说，是走回去，回到那个奢侈品真正给人带来无限美好的过去。

05 · 科技改变时装？

Hi-tech和Hi-Fashion，你来我往，近来亲热得很。科技改变生活。但是科技真的能改变时装吗？我看未必。

若干年前，《COSMO》拍摄过一组时装大片，有个很重要的配角是iPad。那时候iPad刚上市不久，有商业头脑的同事说，嗳，我们给iPad做免费宣传喔。还真是，算它赚到了！不过话说回来，iPad还需要做宣传吗？它在中国正式上市之前，编辑部的同事和身边的朋友就已经人手一台，最早拥有的人还可以炫耀炫耀自己的新潮，没几天，手握iPad早就跟手握Starbucks一样，没什么大不了。

潮人的生活，离不开Hi-tech。时装精和潮人，却似乎并不是一码事。几年前的《欲望都市》（*Sex and the city*）电影中，Carrie在结婚礼堂外面等不到Mr.Big，心急如焚欲打电话催促，旁人递上一部iPhone，她不耐烦地一把塞回去："我搞不懂这玩意儿！"不知Carrie这两年有没有些长进，我们看到时装周街拍中的时装达人们，净是抬头听电话，低头发短信的标准姿势，拿的都是iPhone。

不能再说下去了，否则我会被人认为收了苹果公司的好处。我其实真正想说的是，时装与奢侈品，近年来屡屡与高科技交好，品牌推出3D fashion show，开拓手机网购业务，扩展各自的Apple应用程序（又说到Apple了，该死），时装界进入Web2.0时代，似乎应该到了脱胎换骨的时候。

然而高科技改变的只是时装品牌的销售手段。奢侈品和时装在本质上是跟高科技唱反调的，科技越发达，越要强调传统工艺。手工缝制的皮包和大衣的售价，永远比精密机器生产出来的货品价格多出个把零；尽管高科技面料层出不穷，真正卖得上价的还是羊绒和鳄鱼皮。高科技给生活带来些什么？方便、快捷。但是奢侈品则会对这两个词不屑一顾，它们炫耀的正是出产一件商品多么麻烦与多么费时，对品牌来说，这样的产品才能带来更高的品牌价值，对顾客来说，一旦拥有，也才更值得留存传代。

腕表行业的发展充分证明了这一点。20世纪60年代末石英表被发明出来并快速推广，如今更有5美元一只的电子手表走时更准确、保养更简单、造型更奇特，人们曾经以为机械腕表已经到了穷途末路，然而这么多年过去，科技不断发展，还是有那么多执迷不悟的人愿意花上几百倍甚至几千倍的钱，去买一款只有传统技术没有现代科技的精密机械手表。

时装业也是差不多的情况，虽然品牌有时玩玩高科技，那也多半是重创意高于商业的非主流设计师品牌，已故的Alexander McQueen在他的最后一场秀中推出由计算机科技绘制纹案的发光面料，然而这也不过是T台上的演出，他的专卖店里，至今依然高价售卖的仍旧是考究的天然面料，完美的贴身剪裁。奢侈品行业注重传统，精湛的工艺和稀有的材料具有永恒的价值，而科技日日更新，崭新的数码产品隔一两年就是废铁一块。但凡升华到享受层面的事情，人们总是怀念传统而抵触新技术，就像虽然有开包即热的餐食，讲究的人绝不去碰它，因为严重涉及品位问题。

今日的时尚，尽管有一众搞怪潮人一惊一乍地整出偌大动静自己嗨到不行，然而他们的影响力短暂且又难以衣钵传承。娱乐年代，大众不过围观而已，谁也不会认真到身体力行效仿偶像把那些稀奇古怪的装置艺术穿上身，还是照样心甘情愿地排队去买Birkin。时装界是一个需要热闹和话题的世界，这些年来，与艺术结缘是噱头，与博主交好是噱头，与高科技结盟同样不过是噱头。这一切都不过是商业目的，时装在本质上，并没有被外界改变。时装界之顽固，实在超乎人们的想象。

要说时装跟高科技完全老死不相往来，那也不是事实。奢侈品爱讲故事，数字时代讲故事的方法花样翻新，都要借力高科技。从Viktor&Rolf 2009年首次利用网络直播时装发布，到Burberry推出3D全息Fashion show，Polo Ralph Lauren开设手机店铺，纽约时装周诸多品牌采用邀请函以条形码方式确认的新系统，可穿戴时装在House of Holland 2015的秀场上被做成了可以当储值卡现场即买的胸针和戒指……聪明的时装品牌会用新手段卖老东西，Christian Lacroix的衰落，未必就是高级时装的死亡征兆，只不过在高科技拥有强大话语权的今天，Lacroix没有认识到换个方式讲故事的重要性，否则的话，境况也许会好得多。

05 ·

Burberry3D全息时装秀

06 · 购物的仪式

生活需要仪式感，哪怕是购物这样一件庸常俗气的事，因为在过程中投入了感情，把简单的事情变得复杂而郑重，就会在记忆中多一份留恋。

一有谁说到在线购物，我总会想到一个不太有美感的场面：蓬头垢面的女孩，穿件宽大的毛线衫坐在地上，一边吃着薯片，一边用油乎乎的手指敲打着键盘，迅速地搜索这一季的新款手袋，十分钟后顺利下单，啪地合上电脑站起身，不小心踢翻了脚边的咖啡杯……在遥远的网络另一头，客服人员从电脑中调出订单，面无表情地输入一些数字，出货信息显示成功发送后，继续面无表情地处理下一个订单……

足不出户就能买到全球最新产品，一年365天，一天24小时，从不打烊。我想这对很多人足够有吸引力。类似Net-a-Porter这样的购物网站瞄准的目标顾客说白了是“钱比闲多”的女性。网购让生活变得简单高效，似乎更符合现代人的生活方式。没错，Net-a-Porter电子杂志的编辑们会试穿网站上销售的每一件衣服，以确保能够给出关于衣服尺寸、质地、舒适度的准确描述，他们还会为消费者提供当季的流行要素，以及精心挑选出酒会、婚礼、度假、商业会谈等各个时刻最得体的搭配方案。你在这里可以得到一切你需要的信息，网络购物能帮助你腾出更多时间去做更重要的事。这有什么不好吗？

理智地说，没什么不好。

可是，你有没有像我一样，觉得我们的生活已经太缺少仪式感了？我们随随便便地去朋友家做客没有想到带一瓶酒或一束花，我们想在节日手写一张卡片寄给亲人时发现不知道邮局在哪里、对方的地址是什么，我们参加闺密的婚礼时穿得像平常逛超市一样随便，我们庆祝任何时刻都只会聚到一起吃饭和K歌，我们……我们是怎么了？把所有那些郑重地、认真地去感受美好时刻的过程都缩略到直奔结果与主题，轻描淡写地越过了那些本来应该涉及情感流露的一分一秒。

我喜欢购物。我相信所有女性都跟我一样喜欢购物。不过对我来说，购物并非只意味着把钞票换回一纸袋漂亮衣服的结果，它意味着——在晴朗的周末下午，跟女伴相约去逛街，见面照例互相交流下最近各种八卦，以及跟老板和男友过招的心得，之后彼此夸赞两句对方身上新购置的牛仔裤和太阳镜，话题就此转移到时装上，漫不经心地踱进一家时装店铺，好像丝毫没留意到店员从头到脚快速审视后毕恭毕敬的表情，在若有若无的香氛味道跟柔和似梦的光线里，指尖一件件滑过那些质感柔软的丝绸和羊绒织物，最后目光落在一款找寻了好久的连衣裙上，让一直跟在后面的店员拿去宽大明亮的试衣间，换上，在镜子前转身欣赏自己美丽的身影，再跟闺密交换下意见，买下来，或许犹豫片刻什么都没买就离开，踱进另一间店铺，店员冲你熟练地打个招呼，告诉你新货刚刚到店，也许你想试试那件手工钉珠的羊毛外套。

走出商场，原来还是大白天，不如去附近喝个下午茶，跟女伴再聊上一会儿。其实购物只是一个聚会的理由。若干年后从衣橱深处看到那件针织衫时，还恍惚记得当日买下它时愉快的心情，闺密嘟着嘴说好吧要不是怕撞衫我也要买一件同样的，店员微笑着用柔软的纸精心包裹好衣服，像对待一个刚出生不久的婴儿，郑重其事地托付给你……这难道不是一种充满温暖和愉悦感的仪式吗？生活需要仪式感，哪怕是购物这样一件庸常俗气的事，因为投入了所有关于渴望、惊喜、矜持、失望、满足那么多的情感，把简单的过程变得复杂而郑重，就会在记忆中多一份留恋。

我也许是老派人，重感情，缺乏时尚圈的冷酷气质。不过Marc Jacobs在最近一次接受关于互联网和时尚业的采访时也说："购物是一种乐趣和温暖，而在线购物则是冷冰冰的，它剥夺了和男朋友、女朋友一起外出，甚至一起吃一顿午餐的乐趣，而时尚应该是和欲望、情感有关的东西。" 看，很高兴这样一位时髦大咖级的人物也有同样的感触。

购物带来的快乐远不止占有的满足，在陌陌上相识跟在街角遇到的一见钟情，能一样吗？

不过我想大多数直男不会同意，他们觉得网购简直太棒了，躺在沙发上就能够完成，还可以合理合法地躲避陪女朋友逛街的任务。如果有选举权，男人们绝对举双手赞成废除实体店铺把一切交给网络。可惜他们说了不算，只要这个世界上还有女人，怎么购物这件事，就轮不到男人说话。

07 · 高级时装的美丽终将结束哀愁

高级时装充满想象力的设计，奢美的衣料和手工，以及与尘世绝缘的脱俗气质，依然是今天人们对它充满仰慕的原因。高级时装不能泯灭，因为我们对高级时装的爱不会泯灭。

时装界总会适时出产好消息，这是我爱时装的一个原因。就在经济衰退、全球奢侈品业不景气的今天，也不乏鼓舞人心的事情为人们逐渐产生倦意的心情重新点燃希望。2013年7月的巴黎高级定制时装周上Schiaperalli展示了Christian Lacroix为他们设计的一个高级定制系列，15个造型全部向设计师Elsa Schiaparelli致敬。

巴黎高级时装公会在同年的4月19日投票通过支持荷兰设计二人组Viktor & Rolf 作为公会成员回归高级定制领域，自2000年7月展示第5个高定设计之后，时隔13年将重新参加7月举行的巴黎高级定制时装周。

不是早有论调称高级时装已死吗？难道在经济如此低迷的时候，Schiaperalli要扭转乾坤？Christian Lacroix要绝地重生？Viktor & Rolf要挑战极限？他们要在最糟糕的年景，集体拯救已经黯然了的高级时装工业？

Lacroix自关闭时装屋后，几年来各处串场打零工，为巴黎一些豪华酒店做室内设计，为芭蕾舞和歌剧设计戏服，这回将是韬光养晦后真正重回高级时装设计。来自罗马的女设计师Elsa

Schiaparelli于20世纪20年代在巴黎创立同名品牌Schiaparelli，并且迅速声名鹊起，甚至曾经一度威胁到Coco Chanel的地位。然而像众多老牌时装屋一样， Schiaparelli在第二次世界大战后走向衰落，并在香奈儿复出的1954年，黯然关闭了所有生意，直到2007年被Tod's集团收购。集团对于复兴这个传奇时装品牌一直野心勃勃，只是一直找不到一个可以重现Schiaparelli充满艺术魅力的设计师，虽然此番Christian Lacroix的加入只是一个客座设计系列，但已经足以引起时装迷的翘首企盼。一个陨落多年的老牌高级定制品牌，一个归隐山林多时的时装设计大师，会让高级时装回到那个曾经辉煌、给人带来梦幻遐想的年代吗？Viktor & Rolf渐渐成功地向商业化靠拢，它是把荷兰艺术时尚做得最商业化的品牌，若干年后重新开启高级定制的梦想，是否给高级时装多了一个坚持下去的理由？

也许越是经济低迷，人们越渴望那些辉煌美好的东西，这是让生活充满希望的一束光芒。时装存在的意义就在于给人们带来快乐，成就超于现实意义的人生。即便处于乱世，人们渴望美好的心情依然存在，甚至更强烈，如同战时女性会在小腿后面画上性感的丝袜黑线，将穿旧的衣服仔细熨烫整齐穿出门。如果没有时装，如果不能让自己看上去更美丽，再粗线条的女人也会觉得遗憾吧。而高级时装，更是让人们忘却现实的平凡，憧憬一个华美超凡的世界，至于它是否真的存在，你是否真的过得起，谁关心？

Dior在上海连续两年举办高级定制秀，Armani Prive2012年在北京798做了盛大的秀，Chanel除了固定一年两次在北京上海分别举行小规模的高定系列展示外，2016年还把凝聚了全世界最高超手工艺的高级手工坊系列“巴黎在罗马”整个搬来了北京。老实说，全球真正在消费这些被普罗大众视为天价的高级定制系列服饰的人能不能写满一张A4纸都不一定，可不嘛，模特身上随

07 ·

Christian Lacroix 2009秋冬高级定制秀　图片东方IC提供

便一件都能换辆中档车，那些工艺复杂些的缀满钉珠的礼服，在北京五环换个小户型可能还有富余，可为什么时尚圈的这些人，说起高定系列都满眼放光充满期待？如果你看过《Dior and I》和《Valentino：the last Emperor》应该就能了解那种心情，因为那一针一线都代表了有关时装的最高理想。要知道这些高级定制系列里，细微到连双蕾丝袜子都可能是百年历史蕾丝工坊里的工匠们手工织出的蕾丝制成。其实如今剩下的还有能力支撑高级定制系列的品牌真的不多，像Chanel 和Dior这样的大时装屋旗下都有许多手工坊或是自己传承下来的独门手工工艺和工匠们。Chanel旗下就有包括ACT 2手工斜纹软呢坊、Montex刺绣坊、Lognon褶饰坊、Desrues纽扣服饰珠宝坊、Maison Michel制帽工坊等几十家传统手工坊。Chanel高级手工坊系列中的每一个Look都可能是由几十家工坊共同完成的。多亏了这些大牌时装屋，很多小的手工坊才得以生存，这些精湛的手工艺才没有失传。要不是有这些美得像梦一样的高级定制系列的展出，谁还能想到工业社会下，竟然还有如此绝美的手工艺。买不起我们看看还不行吗？要是没了这些遥远而美丽的东西，人们怎么知道，原来生活可以精致如此？当人们已经习惯看到奢侈品盘踞在城市的各个角落，当奢侈品已经不再高高在上，高级时装显然替代了多年前人们对高级成衣的仰慕，美丽、遥远、可望而不可即，代表着一种高贵而神秘的生活，代表着有关时装的最高理想。希望中国市场可以拯救高级时装，让它继续保持美丽的姿态优雅地走下去。

时装界没有了高级时装，就只剩下商业、炒作与八卦，这一切都是现实生活纷纷扰扰的高级版本，繁华、喧闹、美却美得难以隔绝世俗气。近年来声称“高级时装已死”的人，是批评高级时装丢失了想象力、奢美和于尘世绝缘的气质，Christian Lacroix

07 · ——— 曾经充满法国趣味的设计，也许不久以后会再度出现在时装舞台上。Viktor & Rolf或许觉得只做成衣有点闷，他们永无止境的奇思异想，如果不通过高级时装，又到哪里去表述？或许时装界就是需要这样对高级时装依旧怀揣梦想的人，以及那些从未放弃过理想的人，才能让照耀在高级时装身上的落日余晖，再度散发出万丈光芒。

Christian Lacroix为Schiaparelli设计的时装　图片由东方IC提供

08 · 谁是下一个为奢侈品埋单的人？

“土豪”都要被收录牛津字典了，“女汉子”也快了吧？
不管怎么说，大家可都是为社会发展做贡献的人群。

这一年半载的，土豪和女汉子特别红，谁身边没有个三五位，三两天没提及这两个称呼都会觉得另类。土豪一般都是调笑别人，但算不上真的奚落，女汉子总是在说自己，带点自嘲。

我从来没觉得土豪这词是骂人，区区两个字，透露的信息量可不小——多金并且舍得花钱，务实但是不纠结品位，特别地自信、特别地实在，就是说，一点儿都不矫情，买辆名车买件大牌衣服，大家都说哪个好那就买哪个，没想过要耍点个性非得跟别人不一样。这样的人挺讨人喜欢。不信你随便问问身边的女朋友女同事，她是愿意跟个开名车随手送钻石送名牌手袋的土豪约会，还是愿意跟个比她还懂时装懂品位挑挑拣拣对什么都一堆意见的作男约会？

至于女汉子，总让人觉得有点惋惜。能称得上女汉子的姑娘，通常条件还不差，除了把自己的生活打理得不错，往往还能惠及他人，最大的特点是像男人一样买单。但言称自己女汉子，豪爽之余，多少有点悻悻然，似乎既丧失了女人被男人照顾的天然权利，又没得到女性同胞的羡慕和效仿。女人天生还是需要被宠爱和关注，变成女汉子，大概是迫不得已。

但是这两种人几乎是撑起了当前的时装业。我不是说时尚圈里的人都是土豪和女汉子，虽然这似乎也代表一部分事实。即便是当下经济暗淡的光景，奢侈品依旧年年涨价，一方面迫于物料和人工成本的增加，以及故意造成潜在购买人群担心越来越贵的心理焦虑，也要考虑土豪们的面子问题——你们好意思叫奢侈品吗，价格不涨，你当我没钱买啊？

土豪经济应运而生。大家都希望自己看上去很土豪。土豪以前是穿得要多贵气有多贵气，而现在，类似Rihanna这样的土豪，根本不在意自己看上去是不是很有钱，所以净穿些以前穷黑人才爱穿的衣服，结果搞得现在满大街的潮人准潮人非潮人都学她穿着上万块钱的套头衫、几千块钱的球鞋棒球帽到处走。时装发展到现在，本来就模糊了阶级的界限，看上去不那么值钱的衣服可能是天价，奢侈品牌、时装品牌，可想而知会窃喜到什么程度，这钱也太好赚了。苦苦支撑的高级时装，更是靠一代代崛起的土豪们得以维系，给准土豪们创造了一个远大目标。所以别一说到土豪就觉得是专指我们中国的大款，世界各地土豪遍地，有他们花5万块钱买Chanel手袋，普罗大众才会花500块钱买Chanel唇膏，我们还能尽情嘲笑那些花50万块钱买珍稀皮革款铂金包的土豪人傻钱多，这实在是太欢乐了。

至于女汉子，功劳更是大大的。不指望男人，自己为自己埋单，有时还要替别人埋单，还要显得不比那些靠男人吃饭的姑娘过得差，买起时装和奢侈品来一点都不手软。天下女人的偶像Coco Chanel就是典型的女汉子，谈了一辈子的恋爱却不指望男人养，一手打拼下自己的时装帝国，不过她可是什么都没耽误，既让男人爱慕又让女人羡慕，是个极品女汉子，值得普通女汉子们学习。这是题外话了。反正奢侈品就卖给两类女人，一类是让土豪埋单的，一类是自掏腰包的，所以你说呢，没有土豪和女汉子，时装业如何发展？有声音说，伴随着奢侈品市场增长放缓，以及消费者更加多样性，奢侈品市场崩盘风险加剧，如果奢侈品不重新做好产品定位，调整销售方式，未来将很快被淘汰。这种说法未免太悲观，人们对奢侈品的爱已无法回头，不过这话说得也有它的道理，就是需要不断重新定位，找准上门顾客并牢牢拴住他们，也许土豪和女汉子会慢慢消失，所以就要知道接下来会出现什么样的人群，继续为时装为奢侈品埋单。

09 · 哪怕时钟都停摆

人们随心所欲做自己的事，穿喜欢的衣服，打破无休止改变的潮流规则。

前两天跟一个外行讨论时装，把我惊到了。这个人百分之百外行，是我老公，平时只穿连帽衫和侧面缝着好多个口袋的那种裤子。

是他先挑起话题的，说他刚看了一篇网络文章，介绍一个特别“牛掰”的设计师，设计了好多特别“牛掰”的作品，后来因为辱骂犹太人被解雇了。

“这哥们太有才华了，真是天才！那设计才叫时装，又有美感又有思想。”

我像看怪物一样看着他，因为他的脑袋后面突然出现了一个大大的光环。我从来没指望一个直男能够懂得什么叫做时装，况且还是一个穿帽衫和侧面缝着好多口袋那种裤子的直男。

这让我对被时尚圈鄙视了很多年的直男审美刮目相看，同时这也说明了一个问题，真正的好东西会被所有人认可，不分国界、不分职业、不分性取向。说到底，时装是给人穿的，不是留给自己嗨的，八竿子打不着的人都觉得好的时装才是真的好设计。

时装的规则是谁制定的？设计师、时装编辑、时装财团。时装业要赚钱，通过每一年推出数不清的系列制造时装概念，怂恿人们疯狂扫货。伸展台与零售之间的距离前所未有地缩小，产品以最快速度到达消费者手中。但是今天人们想穿的衣服到底是什么样？她们想要什么感觉，或者什么改变，有人真正关心吗？

时装一向是映照社会和生活方式的一面忠实的镜子。时代在改变，生活方式在改变，时装的表达方式也相应改变了。当下的设计师考虑的问题是：她们穿着这身衣服能不能走动？能不能开车？今天的时装甚至在模糊性别界限。时装不再有规则制定者，入主Balenciaga后引来无数赞誉的Demna Gvasalia坚定地宣称，他并不想制造所谓的时装概念或设计被博物馆收藏的衣服。对他来说，唯一有意义的事是关注实用性，重点是如何让街头的人们对衣服产生兴趣，把衣服收入衣橱。

我想到这个问题，跟穿帽衫的老公说，John Galliano代表的时代审美已经被颠覆了，时装规则正在被打破，新的时装时代来临了。

崭新的一代设计师提出独立的、个人化的穿着选择。人们要的是穿衣服，于是他们提供衣服，而不是灌输给他们所谓“时尚”。不存在所谓潮流，没有既定的概念，也不提出鲜明的单一化主张。Gvasalia设计的Vetments每一季服装变化不大，这就又打破了之前的规则：永无休止地改变，时装只是通过让自己跟之前不一样来假装所谓新意。

关于时代更迭规则被打破，帽衫直男不同意。“你只能说当下出现了新的审美趣味，不能说被过去所颠覆。好的东西永远留存不被淹没。就像你可能喜欢摇滚乐，但不意味着古典乐没有价值。”

这也代表了一种反对时装规则的声音。没有所谓过时，没有潮流，只有衣服本身，人们喜爱，或者不喜爱。Gucci现任设计总监Alessandro Michele说：“我的工作并非只是决定裙子的长度。”谁在乎啊？我们已经见过所有长度的裙子。现在最重要的是创造出个人视角，提出自由的理念。你走上街头，人们随心所欲做自己的事，不存在规则。

冯小刚问意大利电影导演多纳托雷：你对潮流怎么看？对方的回答酷毙了：如果一只表走得不准，那它每一秒都是错的，但如果这表停了，起码每天有两次是对的。

第三部分

带刺的玫瑰

III

01 · 喜爱玫瑰 就要接受它的尖刺

时尚圈正在被各种妖魔化，让我来说一句公道话：如果你盼望时装圈设计出更好的东西，就要让妖魔们继续作孽。

巴黎近郊的Hermès皮革工坊大楼一层大厅，摆满了长长的餐桌，上面照例布置着考究的瓷器、精致的食物、芬芳的美酒。桌旁的美丽装饰，则是金发或黑发的盛装男女。时尚圈人对这一切都再熟悉不过，看上去这只是发生过无数次的时尚晚宴中的一次，觥筹交错之后，大伙带着一肚子的美食、一耳朵的八卦，满足地散去。然而因为这是Hermès的年题晚宴，大家心知肚明，一定会有点什么不一样的事情发生。会是什么呢？转头向在场的工作人员打探，他们却缄默不语，保持神秘的微笑。

晚宴按部就班地开始了——这似乎有点奇怪，头盘就这么轻描淡写地摆上了，没有任何埋伏和包袱。这让缭绕在我们头顶的疑云更加浓密，Hermès怎么会让我们只是简单地吃顿丰盛的美食而已？

有人过来把酒斟满——不不，不是人，而是人远远操纵着一部庞大的古老情调的精密机械，专注、小心翼翼、精准地把酒瓶中的酒倒进玻璃酒杯。接下来，上酱汁，摆黄油，这些本来简单的动作都变成了一件无比复杂的事。撒胡椒的侍者抹着汗，被重型机械吊在半空中，俯冲着对准客人的盘子让胡椒粉末飘洒下来，机械另一头，30米之外，两个操控它的人也在费力地操作机关调整角度，以便让上面的同伴顺利到达每个盘子的上空。

在座的每个人都心领神会。今年的Hermès年题名为“当代手工艺大师”。你明白了吧？为什么一个简单的动作，要用一部超级复杂的机器和更多的人来完成。你可以说这是一种追求完美的执著精神，也可以说是一种幽默，一贯以手工艺术品自居的爱马仕在高傲地嘲笑自己“把简单的事情复杂化”。

之所以讲这些，是想说，时装的正面能量，能让你感受到世界的精彩。接下来要说的是，时装也并不全是美好。

时装像一个性格分裂的女人，是如此的矛盾、纠结，折磨自己又困扰着别人。当你刚刚看到时装充满艺术感与文化底蕴的一面，它又不怀好意地露出它浮华、心机、伪装的另一面，让你刚起膜拜之心，又起畏惧之意。《COSMO》做过一个名为《时尚圈怎么混——13位时尚各界达人揭秘时尚圈生存法则》的选题，展现了一个与我刚才讲到的全然不同的世界，听听他们是怎么讲的：“在时尚圈不能做好人，当好人永远不会红，这就是个看人下菜碟的地方”，“贱是生存法则。进入这个江湖，虽然天下那么多兵器，但你只能练‘剑’，在时尚圈里说你bitch是在夸你”，“‘装’是常态，一天大部分的时间都不得不‘装’，两面三刀、甜言蜜语都是工作需要”，可笑吗？但是即便像我这样时尚圈里难得的好人（哈哈），也必须说句公正话，这个让人不愉快的世界，和我在前面描述的那个世界并不相悖，它们共同的特征是充满激情。时尚圈可以没有约束、没有公平、没有同情心，但是即便缺少一切，却绝不缺少激情。你看到的那些美丽的衣服、经典的手袋、炫目的珠宝，都诞生在这个亦天使亦魔鬼的世界。

01 · ——

时装圈不是天堂，天堂太乏味，无法产出让人入邪的美丽。如果没有那么多的攀比，哪来源源不绝的创作，如果没有刻薄的等级观念，哪来臻于完美的奢侈品诞生；所以，如同玫瑰与荆棘的共生，崇拜时尚圈又厌恶时尚圈的人，你若想看到时装的美丽，就要接受所有与它共存的尖刺。

02 · 平凡是时髦？别扯了

人人都已经穿着破洞牛仔裤和连帽衫让自己毫无拘束感，倡议人们穿得更加平庸散漫意义何在呢？

我很反感时装界矫情、自说自话、乱造概念。这两年又编出个被滥用的新词儿：normcore。这个词的意思是“像路人一样平凡、不出挑风格的死忠粉儿”，是normal和hardcore放在一起造出来的。说真的，这个概念的创意本身就缺乏创意。据说，它代表了当下的一个迅速蹿红的潮流——即将大火，不可小瞧——就是说，每个时髦人都会穿着成打成打买来的T恤衫搭配卡其裤走到街头，而这将是未来潮爆的装扮。

真是鬼扯。

我一直觉得时装界近些年进入一种停滞不前的状态，然而我始终乐观地期望这种状况很快得到扭转——显然我是太低估了人们的懒惰，时装走到这一步，实在是种悲哀。这无非是一个阴谋，说得委婉些，是商业炒作手段，品牌给自己毫无新意的产品找借口，设计师为自己缺乏创造力的设计点赞，媒体面对每天搏点击量的压力，不加筛选地报道、吹嘘他们听到的任何一个新消息……以期获得消费者盲目的跟从，给那些穿着平庸的顾客做足心理按摩。

我记得高晓松曾说过，人类历史是科学和艺术以平行线的方式交替发展的，当科学飞速发展的时候，人们的精神会停滞，艺术靠边站，而当科学无法解决人类精神世界的问题时，艺术又会超越科学，出现崭新的文学、哲学、绘画和音乐。就这样，交替进行，推进人类文明。

不知道算是幸或不幸，我们恰好处在以互联网为代表的高科技时代，以最快的速度改变人们的生活，我们享受着科技带来的便捷、高效和舒适；另一方面，人们评判生活的眼光越来越简单粗暴，简直没有耐心停下来感受与思考，书是没什么人看了，音乐都听小苹果，买画无非为投资，而时装，只要是响当当的名牌，管它设计成什么样，都会卖断货。

设计大师辈出的华丽年代，有着……我突然不想去列举，因为那会让人倍感惆怅和失落。而今天，我并不认为没有才华横溢的设计师出生，只是这个市场不那么需要他们的天分，我们团队的一个时装编辑说过一句很精辟的话："任凭时装界再折腾，推出多少美妙的设计，百转千回，终究不敌夜店那条永恒的齐X小短裙。"

这真是时代的叹息。前一阵，朋友圈里数位好友都在转发的一篇Cathy Horyn的时装评论谈到，品牌推广在我们如今的文化中无所不在，时尚通过小小的屏幕全球化传播，传达的语言必须被简化，设计师的创意受到拘束，缺失自由，容忍这些局限的设计师反而容易获得成功。人们无法担负冒险带来的新体验，越来越多平凡的衣服被生产出来了。

当女性还在被紧身衣勒得喘不过气的时候，推出简洁宽松的短外套和长裤是对时代的颠覆和对女人身体的解放，而在一个已经明显变得粗糙的时代，人人都已经穿着破洞牛仔裤和连帽衫让自己毫无拘束感，倡议人们穿得更加平庸散漫意义何在呢？当

02 · ——— 我们被生活带来的倦怠感一点一点侵蚀，不是需要时装来振奋、来鼓舞我们创造一个具有美感的世界吗？时装不是用来迎合世界的，它是用来创造世界的。不知道我们何时能重回充满创意的美好时装年代，至少，我希望能从一个尽职尽责的编辑做起，不让人们沦落到蜂拥去穿“平常、不出挑”的衣服。提出并传播这个概念的人，不过是太自high于时尚圈，看够了那些祸害眼球的时尚怪物，以为全天下人都需要眼底清净。行了，真不是，让这个词只在时尚圈小范围流传一下下，就够了。

03 · 正史、野史谁赢过谁

给你一部长篇时装史，和一本报道设计师模特最新秘闻的八卦周刊，你会把前者摆在书架上，然后带着后者上飞机吧？

想象一下，人生若只允许填一份小学、中学、大学、硕士、博士，以及年龄、性别、出生地、工作经验的枯燥简历，该是多么无聊的一个过程。最起码，应该补充些形象、个性、爱好相关信息，如果有空档增加些婚史、恋爱史描述，这才有点儿活人气息，当然，要是能见缝插针些活色生香的坎坷情路或不出人命的小出轨、小阴谋，那可就太完美了！

时装这门生意也是这么回事儿。各种奢侈品业豪门背后的政治阴谋野心与利益交锋，多少旺族品牌在奢侈品帝国的集团扩张下痛失领地，又有多少没落品牌在集团化管理下绝地逢生、风生水起，如若写成一本书，就是一部惊心动魄的生意经。但对于没有多少野心与攻击性的大众来说，这部教材也嫌太正经了些，不如爆料些八卦内幕来得正点。

时装野史，或者说时尚圈八卦内幕，才是全体普通青年、文艺青年以及另外某种青年都津津乐道的题材呢。生意经、商业性这些正经话题之外，总有些私密事件、饶舌绯闻、香艳闺房事适当娱乐大众，让时装接足地气，增加亲切感。没人耐烦听那些时装史和品牌档案，口口相传的可都是带有点刺激性的故事。奢侈品赚那么多钱，就有义务满足一下大众的八卦心理，是吧？

正儿八经把野史当正史来宣讲的，是一贯精明的“香家”。作为一个对品牌荣誉保护得滴水不漏的奢侈大牌，Chanel却从不讳言Gabrielle Chanel的风流史，相反，她被包装成一个爱情传奇，尽管，她的很多情爱观并不那么符合主流道德观。香奈儿当然不是心直口快胸无城府，也不是不懂大众普遍针对名人的洁癖心理，实在是这女人的感情太浪漫自由，恋爱对象够档次，爱情激发出的创作灵感足以动人，这符合绝大多数女性的人生愿望：同时拥有迷人的相貌和非凡的天分，周旋在名流贵胄与名艺术家之间，被女人仰慕的男人们仰慕着，创立极富魅力的时装事业……而在男人中获得的成功，尤其被女性普遍羡慕，萌生出“如若再世为人，一定要成为香奈儿”的心愿，此生不能实现，买件“香家”的外套用来励志也不错。

搞不好，野史也不过是正史包装出来的炒作方式。十多年前LVMH集团与PPR集团争夺Gucci的恶战至今依旧历历在目，当时接连不断的法律诉讼与铺天盖地的强档新闻，媒体推波助澜的口水战，令这场本应隐蔽在董事议会厅中的商战，变得像镁光灯闪烁的T台和红毯一样透明喧哗，大众关注事态发展如同关注八点档闹剧，最终，这场费尽周章的奢侈品集团大战以PPR打败LVMH收场，大众也纷纷离席散去。如果说此事件演变成人人爱看的闹剧违背了当事人的初衷，那么几年前John Galliano卸任后的Dior新主事件，先放消息再辟谣，一波三折，吊人胃口，摆明是趁机炒作，把一个奢侈品牌换帅事件演成一台戏，白白苦了不得名不得利的B角Bill Gaytten，2012春夏设计以安全第一为要务，迎接下一任总监Raf Simons华丽取代他在T台尽头匆匆露的那一小脸儿。而LVMH最懂得利用牵一发而动全局的道理，这期间不仅跟Marc

Jacobs真真假假地周旋，还顺手攀上Phoebe Philo这个大红人，放话可能由她接手Louis Vuitton。如今话题为王，传闻漫天飞，嘴长在别人身上，谁管得了？爱说说吧，扯越远越好，局面越混乱越好，反正不输房子不输地。

再多花样，敌不过明明白白的销售数字，品牌无论怎样地经营炒作，都逃不掉销售额这柄水火无情棍的考验。不过话说回来，空有好设计卖不出银两的，也要自检一下，是不是哪里掉了一环，反思商业路线的正确与否是为正路，加强炒作、制造噱头路子虽野，也不失为一个好点子。

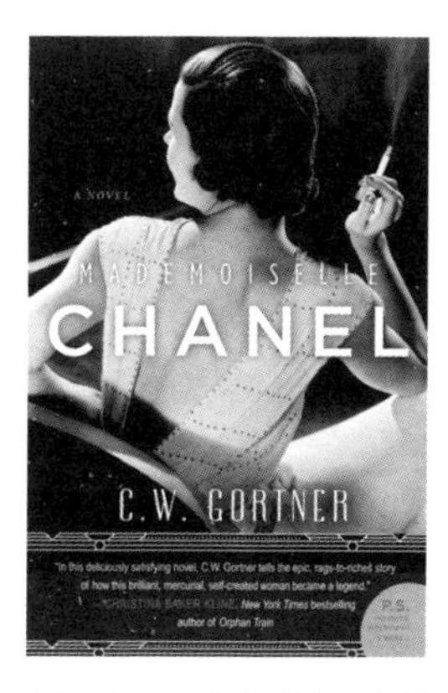

C. W. Gortner撰写的传记小说《成为香奈儿》（*Mademoiselle Chanel*）封面（英文版）

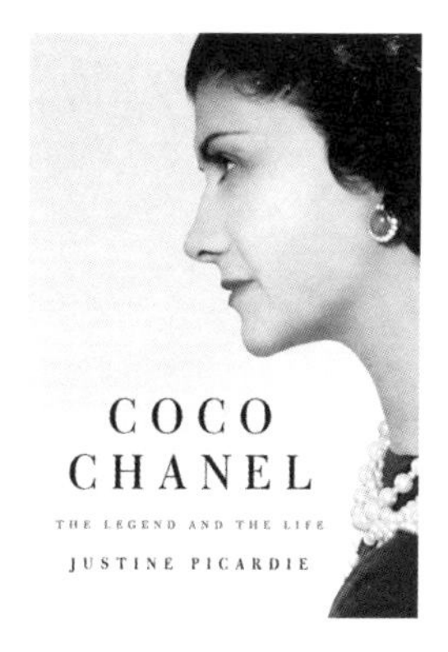

Justine Picardie撰写的Coco Chanel传记《可可·香奈儿的传奇一生》（*Coco Chanel:The Legend and the Life*）封面（英文版）

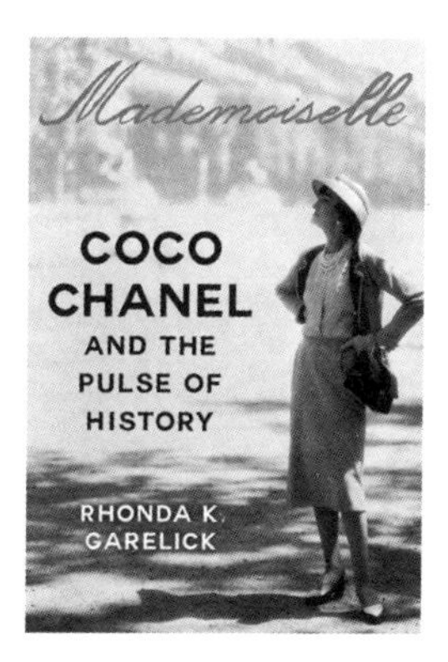

Rhond K.Garelick撰写的Coco Chanel传记《可可·香奈儿与历史的脉搏》（*Coco Chanel and the Pulse of History*）封面（英文版）

04 · 谁来做代言？

这一两年跟时装品牌的公关聊天，有一件事被问到的频率特别高：我们正在物色一个国内的明星做形象代言人，有什么好建议？

每逢被问到引言中的问题时，我脑子都要转上好一会儿，先想想这个品牌的风格定位、目标人群特质，再想想他们在国外的代言人是谁，最后，搜肠刮肚地思索杂志这一年来的封面拍了谁、最近哪些明星口碑还不错、公众时装形象有看点……想来想去，回答越来越无情，从“你是否考虑谁谁谁呢，她最近势头不错，形象也越来越时髦”，到“其实最适合你们的是周迅，不过她已经被Chanel签了”，再到“很难找啊，这几年没什么新面孔，我们封面拍来拍去也就那几个，一样发愁”，最后索性是“没有。你们要能捧红谁，我们请来拍，让你的衣服沾光上封面啰。”

找一个明星做代言人，是亘古不变的商业推广捷径，当然，一个明星在电视广告上建议观众买袋饼干，大众是完全乐意接受的，反正花不了几个钱，这个面子随手就给了。但是买奢侈品，诸如汽车、名表、顶级时装皮具，老实说，客人不见得会看在明星面子上刷卡，而一旦选错了人，或好好的人出了乱子，反面力量巨大。据说当年泰格·伍兹曝出性丑闻并离婚后，与他有广告合约的豪雅表在北美市场的销售一落千丈。不过，在中国的销售却没有受到影响，因为中国男人更崇拜这个体育明星了，要钱有钱，要女人有女人，夫复何求。当然，这是另外一个故事了。

最近Louis Vuitton邀请了三位欧洲时尚博主为最新推出的Mini Bag拍摄了一组广告硬照， 此举一出，引起众人纷纷猜疑，联系到不久前令人疑窦丛生的由快销行业经理人接管Louis Vuitton CEO位置，业界猜测LVMH面对全球经济不景气的现状，期望用一个有大众市场经验的领袖，用更具备亲民象征的草根博主代言广告，帮助Louis Vuitton赢得更广大群体的市场。

看，这就是广告代言的意义。它帮助顾客更快速地了解品牌的定位——图片上的那个人，就是你选择了这件产品后，会成为的那一类人，客人通过寻求个人社会定位的归属感从而甄选属于自己的菜。

在代言人大胆革新这条道路上，Louis Vuitton一直是业界扛把子，2015年的科幻代言人“雷霆”除了震惊了时尚圈，就连游戏、金融圈也都纷纷奔走相告，我的天哪，没人不认识的Louis Vuitton终于有了一位连广大直男都能叫得出名字的代言人了。一时间粉色头发和二次元占满了报摊上几乎一大半的杂志，没错，不管是不是时尚类。不得不给Louis Vuitton手动点赞，当所有品牌都面临需要更新换代必须笼络年轻人的时刻，人家一个代言人，直接就把品牌认知度带入到了下一代，完全不需要过渡。还请来自带光环的星二代代表Jaden Smith（Will Smith的儿子）穿上女装，跟当红新面孔超模们一起出现在当季另一组广告片里，一点儿不违和不说，而且时髦得要起飞，顺便呼应下当时热度很高的无性别潮流。别人都只剩下看着鼓掌的份。

Louis Vuitton历年的核心价值广告代言人一直让人感觉高不可攀，戈尔巴乔夫、拳王阿里、柯波拉父女、法国国宝级女演员凯瑟琳·德纳芙，这些不同领域的风云人物都传达给顾客一个概念：看吧，连他们都在用我们的包，我们是一个成就梦想的品牌，拥有它你就是非凡的人。连应季的广告，Louis Vuitton也会请斯嘉丽·约翰逊、麦姐代言。而新推出的草根博主代言广告片，其中一张的画面创意跟2012春夏时装系列广告如出一辙，都是闺蜜亲密无间的下午茶，但给人感官上的差距真不是一点半点，后者营造的清新仙气带着精灵般的优雅，妆容发型布景道具无一不精致得配得上公主。前者却似身处街边快餐店，白色桌布的折印都没来得及熨平，三个女孩似刚从街上拉来的群众演员……Louis Vuitton是否想让顾客觉得自己可以成为这类时尚博主不得而知，也许他们只是意图营造一种氛围，就是每个普通人都可以成为自己的形象代言人，时尚是民主的，奢侈是公平的。

事实是，时尚未必民主，奢侈更不公平。但也许Louis Vuitton是对的，它制造了一个假象，能令更多的人愉快，这些人会知恩图报地给他们送更多的钱。让大众自恋起来是个聪明主意，我们这个时代，人人以自我为中心，明星的生活又离大众太近，与其崇拜一个同样会出错出丑的别人，不如欣赏并不出众却独一无二的自己。代表大众阶层的当红博主与时尚圈的合作这几年比比皆是，虽然合作拍摄广告鲜有前例，但奢侈品牌放低身段迎合大众的姿态已经摆得很坦然。一方面，品牌靠大秀大规模活动撑足场面，让你我远瞻时神往不已，另一方面，又亲切地告诉大家，我们随时在这里候着，你唾手可得。未来，奢侈品这个称谓或许要加上前缀，“大众”奢侈品与“高端”奢侈品，大家井水不犯河水，你走你的亲民路线，我继续控制客户的数量，坚持只把手袋卖给肯排队等候的人。

选谁做代言人，这对品牌来说，永远是个问题。不过恳请各位公关不要再问我这个问题，我向你建议巩俐，是信口应付，向你建议网红，你觉得我在说笑，其实我很想说的心里话是，我根本不关心谁出现在你们的广告画面上，除非你们用了我最讨厌的人。

04 ·

戈尔巴乔夫为Louis Vuitton 拍摄的广告，photo by Annie Leibovitz

Catherine Deneuve为Louis Vuitton 拍摄的广告，photo by Annie Leibovitz

Catherine Deneuve为Louis Vuitton 拍摄的广告，photo by Annie Leibovitz

04 ·

Muhammad Ali为Louis Vuitton 拍摄的广告，photo by Annie Leibovitz
Annie Leibovite 这组照片获得Epica-awards 2007年最佳广告片奖的银奖

04 ·

Louis Vuitton 2013 春夏Mini Bag 广告

三位时装博主Elin Kling（右） Hanneli Mustaparta （中） Miroslava Duma（左）

05 · 我们凭什么买名牌？

品牌不能只把产品卖给他们喜欢的客人。他们无法选择顾客。所以你也只好接受你看不惯的人跟你拎着同样的手袋。那又怎样，花钱总要买来开心，你喜欢名牌，犯不着因为别人说它俗而不买；你不喜欢，也犯不着因为人人都有而被迫置办。

一个俄罗斯人买了一部豪华宾利，两个星期后他把车开回车行，轻描淡写地说："我想买一辆新的。"

"好的，先生，"销售人员激动地说："但是，您刚刚买了一部，有什么不对劲吗？"

"里面的烟灰缸满了。"

这则流传于网络上的笑话到此结束，并没有交待车行是否把第二辆车卖给了俄罗斯富豪。有两种推断：1.他们欢天喜地卖了，并且每天翘首盼望富豪回来购买第三辆；2.委婉地拒绝，因为购买的理由太过荒唐，出于维护品牌形象的考虑，奢侈品不愿意接受这样炫富的客户。

事实上，第二种情况根本不会发生。品牌无法选择它的客人，无论这个人是社会精英，一夜暴富的煤老板，被人包养的情妇，还是辛苦劳作的小白领，甭管是动辄几十万的限量版手袋，还是价值几百元人民币一支的唇膏，只要客人肯付账，这个生意必须做。目标消费群在现阶段的亚洲新兴市场只存在于想象之中，那不过是一种理想，或是用于给现实中的客户描绘美好景象，让这些新富阶层产生一种幻觉：如果他们购买了这些产品，他们就会成为有钱、有品位、人人羡慕的精英人群。品牌不可能把任何一个有意愿购买他们商品的顾客拒之门外，然而他们也不完全享受这种被踏破门槛的表面荣耀。某奢侈品牌的海外市场总监在考察中国市场后充满困惑地说："我搞不懂，为什么在中国我们的店铺里，那些看上去时装品位很高，显然是我们目标顾客的人，总是在仔细浏览完商品后什么都不买就离开，而那些看上去品位粗俗的人，却往往一出手就买下超过10件的商品。"

对了，这就是目前存在于包括中国在内的经济快速发展的新兴市场的现实情况。蔡康永说："我们发迹的时间太快，积累财富的过程太短，还没来得及形成高贵的品位。"人们喜欢借穿着重新定义自己的身份，重新划分社会阶层，名牌就构成了一套完整的社会标识体系。如果你明白这点，就不会困惑于为什么街上人手一只布满大logo的手袋。从众心理以及渴望被纳入高阶层的心态让人们像抢购日用品一样抢购名牌。你有，我就非有不可。

这样说来，被一些舆论指责为恶俗代表的奢侈品牌，实际上是被某些恶俗的客人以及恶俗的炫耀行为所殃及，品牌本身并无罪过。但你若要求品牌为维护其形象生硬地把不合格的粉丝踢出局，不仅姿态不雅，而且销售数字的直线下滑也会让他们对自己的壮举懊悔不已。那么品牌必须承受部分人群的排斥心理，这是高额利润下的代价，品牌只好为此埋单。

极端情况下，追求高额利润的结果，可能会弱化奢侈品牌高高在上的尊贵形象，流失优质顾客，被那些为大众竭力效仿膜拜的人所厌弃，最终沦为乏人问津的鸡肋。好吧，我多虑了，中国消费者的成长期很漫长，品牌有足够的时间随时调整经营策略，保护品牌形象，同时做到利润最大化，自会避免这一惨剧的发生。

拉开产品线的层次，以满足不同阶层客户（相信我，奢侈品的世界永远不是民主自由平等的）需求或许是一个解决方案：定制版，限量设计，辨识度不高的高品质手工产品，以及创意设计产品，卖给懂得品牌并且忠实度高的高端顾客，炫耀性地以大logo和珍稀材质取胜的高调产品卖给需要炫富的人群，高辨识度的入门款卖给吃泡面存钱买名牌的芸芸众生。皆大欢喜，前程无忧。

我们没有必要纠结是谁跟自己买了同样的品牌，更犯不着为了显示清白排斥名牌，任何人都有买的自由，你该相信同样一件东西，穿在不同的人身上，就不再是一样的。没有品牌会冒险放过一个荷包满满的大客户，奢侈品行业头顶闪烁的光环再神秘高贵，说到底不过是一门生意。消费人群的层次决定品牌的定位，这个理论在当下的中国可以被忽略。回到文章开头那个故事，销售人员可以很摆谱儿地说："抱歉，先生，这部车只能卖给您一辆。"但也许这么做的结果是，富商大发雷霆，然后跑到隔壁玛莎拉蒂车行，把所有车子都买了下来。

06 · 15分钟的时尚话语权

安迪·沃霍在1968年向公众宣称:“在未来,每个人都会有15分钟的成名机会。”10年后,他又重申了他的言论:“……我60年代的话语成为了现实:每个人都会当上15分钟的名人。”如果他活到今天,看到满世界拥挤着那么多成名超不过5秒钟的人,大概会觉得自己当年的预言实在太过保守了。

犀利哥回到家,刮掉胡子洗干净脸,一颗璀璨的时尚明星昙花一现就此陨落。

这位被网络爆炒,一路飚红到连欧美媒体都纷纷报道的型男,从来就不知道自己有多出名。如果他知道,并且醍醐灌顶如梦方醒,从被人街拍奋发图强到自己主动拗造型晒靓照,再写两笔不着四六的着装观点,拥有足够力争上流的决心和勇气,搞不好现在已经坐在巴黎时装周的秀场头排了。

这是我编的,但你知道这绝不是耸人听闻。那个穿着长相都像老祖母的小妞Tavi Gevinson可以,芳龄5岁也不过有着一般女童都有的爱俏之心的Katie可以,犀利哥身材更有型,时装品位更酷,身份更传奇,国籍更时髦,不被时尚圈热捧简直没天理。

“人人都能当上15分钟的名人。”要是大家都明白这件事,大概就不会像很多人认为的那样,时装博主们的走红是因为时尚界的游戏规则被改变了。没错,越来越多的草根时装迷引起关注,在秀场头排与大牌杂志主编平起平坐，品牌降低身段将新款设计送上门给博主试穿，街拍博主受邀为时装屋拍摄广告硬照，这一切似乎都在指向一个新的趋势——一向为少数人专权的时装行业，如今已经门户大开广纳贤才，道理上似乎也很说得通：时装已经从原来的高高在上降格到今天的大众消费品，全民话语时代的今天，时装圈又怎能不与时俱进与民同乐？这最终让人产生一种错觉——等级森严的时装世界里，人民终于可以当家做主了。

然而事实真的是这样吗？

你听说过哪个品牌真正听取过哪个时装博主的建议吗？又是否真正把哪个草根的评论当回事儿？反正我没听说。14岁的Tavi俨然成为Fashion TV的主持大拿前往各大秀场采访设计师，然而大家都知道这不过是一个噱头，她带不来什么新鲜的时尚观点。《Times》杂志的权威时装评论人Guy Trebay说："博主们确实有权在手，但是我并不认为现在的当权派愿意让出利益，或被Bryan boy夺权，尽管他看起来够聪明、够投入。"别以为时尚圈不再是一个嫌贫爱富、虚荣势利的世界，它只是变得更阴险。品牌认识到网络平台不可低估的传播力量，于是摆出听取民意的姿态，不花一分冤枉钱，邀请民众代表看看秀，试穿新衣，做足戏份，赚够点击率。至于博主们写些什么，曝光的目的已经达到，说好说歹都笑眯眯接受。你懂什么叫炒作吧？前两年时装界流行cross over，现在流行草根博主与时装大牌互动，流行"不入流"上位"上流"。较之遥不可及的偶像，大众更喜欢比自己略微高明一点，又是从他们之中产生的人，这种触手可及的亲切感无可替代，于是草根时尚势力随之衍生出来，而草根博主一旦迈入时尚圈，收了好处开始一味讨好品牌时，恐怕他们在大众心中的地位就会一落千丈，不再承认他们的民众代言人身份。没关系，品牌可以再发掘新秀，反正力争露脸机会的人有的是。所以，时尚博主写写博客、晒晒照片作为娱乐我赞成，真把改变时尚圈当作己任？想得太多了。时尚圈是势力的，更是阴险的，大家千万别着了他们的道儿，被人当枪使还觉得美死了。

不过，无论品牌真心还是假意，讨好大众都是个聪明举动。一方面，大众是埋单的人，另一方面，时尚圈再虚伪，也不得不承认时尚的发展和走向归根结底要服从大众的审美取向，最直观地，无数经典设计来自于街头与普通人，Mary Quant便将迷你裙的发明归功于伦敦街头时髦少女，“设计师只是简单地预见到人们的需要。”Alexander McQueen出生于工人阶级家庭，自小深受街头文化的影响，并在作品中发扬光大，“我以一颗唯美的心态在街头捕捉灵感。”大众一直担任着向设计师无偿提供灵感的角色，而如今什么都讲究个原创权，街头草根已经不再甘当活雷锋，你要取材于我，必得给我个名分。于是品牌让大众从幕后走到台前，即便有草根熙熙攘攘的外围参与，也并非一件败坏门楣的事，这不过是一种营销策略和宣传伎俩。时尚圈得到利益，博主得到名声，而在网络时代的今天，出名实在是再容易不过的事，只要你的期望值不超过15分钟。

06 ·

Tavi Gevinson曾登上《New York》杂志封面

07 · 凭什么你红我不红

那些因为好品位成名的人，一定比我们付出了更多辛苦，那些因为坏品位成名的人，他们能扛住的奚落和质疑，我们自问又能承受多少？

一个同行小朋友向我吐槽：“入行六七年，看着一茬一茬条件不如我的人迅速蹿红，特别纳闷怎么我就红不了？我有专业有经验有品位有人脉也有脾气，该有的我都有，你说，为什么我就没有红？”

他有这个困惑，是因为有一天突然被朋友问：怎么你干了这么多年，还没有混到拿出场费，仍然在领车马费呢？

他感到很悲愤。我由此检视了下自己，我从没想到过我应该拿出场费，而且这些年连车马费都拿不到了——品牌不好意思把我当成三五百块钱就可以打发的小编辑，可他们也没觉得我是可以给他们带来点击量和销售增长点的明星。

我只好安慰他，我同样两袖清风坚韧不拔十几年如一日在时尚工作岗位上一点一滴地做着贡献，从没闲着，也丝毫没有蹿红的迹象。

已经走红的时装人看着两个这么傻的人偷偷乐了，想红没红的人跟他一样特别郁闷特别想知道答案是什么。

不好意思，没有答案。我在这儿不负责提供答案，因为我不能乱说。我只提供案例。

我们中国也有了好几位IT girl（人家可是拿出场费的），也有几位时装评论人，还有知名时装博主，他们都算红人，对这群人来说，时装就是生产力，可以变现。哎呦，多开心啊，肯定好多人这么想，穿着漂亮衣服秀一秀，把时装那些屁大点儿的事发发微博，躺着就把钱挣了，这也太容易了。

不能说太难。的确没有做名医生、政客、律师那么难，甚至比起做名设计师也容易很多。但是话说回来，这么容易的事，怎么你没做成我也没做成呢？当然我可以傲娇清高不屑一顾地说我没红是因为我不想红，可是总有些还在奋力奔向走红的道路上的有为青年现在也只能眼红吧！

靠穿得漂亮成名，听上去太不靠谱，让所有兢兢业业的人有种“好吧，咱们全白混了，原来穿件名牌就能上位”的气馁。这没什么好愤懑，如果你没好意思质问世人凭什么Lara Stone是超模而你连淘女郎都做不了，你也没想过要跟Suzy Menkes和Racheal Zoe这样的时尚大咖争夺行业地位，你就不该对Chiara Ferragni这样的网络红人因为会穿衣打扮就比你混得好、赚得多感到世风日下、社会不公。品位就是生产力，请你接受吧！如果没办法靠这个吃饭，只能怪爹妈没给你天生的好品位，后天又没努力修行。而且，就算那些自认为先天条件还过得去的人，就像刚才那位小朋友，也要懂得他所有那些拥有的条件，未必可以成就他。

我的意思不知道大家懂了没有？我们看到别人成名、获利，不明白他们凭什么那么幸运；看到自认为不如我们的人成名、获利，总觉得被生活亏欠了；看到那些与我们三观不同的人成名、获利，会痛心社会为什么如此无节操无底线……我们是不是把成功想得太简单？可那首歌怎么唱的来着？……没有人能随随便便成功！别人在成功的路上到底付出了什么，我们如何能得知？那些因为好品位成名的人，一定比我们付出了更多辛苦，那些因为坏品味成名的人，他们能扛住的奚落和质疑，我们自问又能承受多少？

时尚圈讲名讲利，也讲投入和专注，任何一个可能被大家质疑凭什么蹿红的人，其实在内心，我都觉得他们多少值得一些敬佩。

08 · 怎么才能做自己

做自己真的挺难，但穿成自己，只要努把力，总是能做到的。

台湾作家舒国治在他的再版散文札记《理想的下午》中附了一张书签送给读者，上面手写着一行字：做你自己，世界自然会供养你。这让我想起一个好朋友微信上的签名：The next cool thing will be being yourself。“做自己”，这是件挺有含金量的事儿，除了5岁以下的小朋友，只要过上集体生活，每个人都得好好花功夫悟一下才会知道什么才是“自己”吧！

照理说在时装专栏里写这个题目纯属没事找事，彻底“做自己”这件事，根本就不该跟时装的世界沾边，可能有这样的人，或者对时装鄙视到完全不关心穿什么，或者是时装段位高到只为开心穿衣服，旁人怎么看压根没所谓。这两类人貌似都不是我们的读者，所以我不打算跟她们辩论要不要在意别人的眼光，辩也辩不赢吧，我有这个自知之明。作为普通人（我本来想说正常人，那等于把上述两类人归到不正常了，还是小心别得罪人），我们每天还是会为今天要去哪里，见什么人，做什么事小小地纠结一下该相应地穿些什么，是应该选那件印花的薄纱裙，还是那条修身的做旧牛仔裤，拎只小巧的羊皮手袋还是帅气的流苏包？偶尔会任性一下，穿得舒服随意上班去，电梯里迎面撞到打扮得讲究、精致的女同事，或下楼买咖啡时恰好排队在一个阳光正太前面，这时候会在心里暗骂自己为什么不穿体面点出门，第二天还是老老实实做足功课吧。

那就没法做自己了。别人的眼光无论如何还是挺重要的，至少在时装的世界是这样。一件价值上万块的奢侈品，起码有百分之八十的价格是卖给“它可以让你看上去……会让别人觉得你……”，至多百分之二十是卖给“我就是喜欢……它就是我的菜”，如果买一件天价的衣服完全不为在别人面前秀，只为这百分之二十的价值埋单，那我得说，你实在太有钱了。即便是买那些小众设计品牌的人，大多数也是为了给懂得的人看，在有机会炫耀自己独特品位的时候也绝不会放过吧！

所以为什么还要讨论做不做自己的问题？穿衣服不就是给别人看的，怎么能只穿自己想穿的衣服？这个时候，我应该开出一张名单，上面罗列了众多Icon级的名人是怎样大言不惭地说自己如何如何不在乎别人的看法，如何如何只考虑个人的着装品位，体会时装创意的乐趣，等等。不过话说回来，他们这么说也没错。穿衣服多多少少要有改变别人眼光的勇气，发现专属风格，不因为潮流而不断摇摆。所以，在这里“做自己”事实上只是做“不同于别人的自己”，让个性所属更加突出，不被淹没在大众审美的滚滚红尘中。这个“自己”，是经年累月刻意塑造出来的自己，与那种不为世界所扰、忠于内心所向的自我意识没什么关系。

怎样打造个人风格，是时尚杂志中老生常谈的话题了，写这段字之前，我在想该如何小心翼翼地避开它，因为这将是写一整本书也写不清的内容，又岂是一篇短文可以讲明白的。其实在这儿我想说的是，永远也不要隐藏自己的个性，掩饰自己的需要，你，勇敢地、赤裸裸地表达自己的时装立场吧，想穿成什么样，讨好什么人，灭掉什么人，只有我们自己知道，用不着担心够不够经典够不够流行、颜色太暗淡或太花哨、过于简单还是过于烦琐，这些不过是小事一桩，如何把握，多看杂志就知道了。

做自己，永远不是一件简单的事。做自己，世界自然会供养你。让我们这样来理解吧：穿出你自己的时装风格，你可能会因此获得想象不到的种种令你惊喜的回报呢。这样去理解如此有深度、有境界的一句话显得有点浅薄，但就这样吧，时装的世界，玩深沉就没意思了。

09 · 中国设计　从我买起

最顶尖的那批时装编辑已经开始买中国设计师的作品了，你也赶紧的吧！

最近时装周的密集程度高到会让人患上恐惧症。纽约、伦敦、米兰、巴黎刚结束，深圳、北京、上海前赴后继。对于国内的这几个时装周，大众的反应更多偏重于娱乐性，尤其是各个网络自媒体，对国内的时装秀不加掩饰地嘲笑和贬低。

其实即便是这些毒舌也不是不知道，中国并非没有优秀的设计力量，不少国内顶尖的时装编辑，都在买中国设计师的作品，穿去巴黎米兰的秀场。那么为什么中国设计没有形成气候？这是一个太大的话题，不是一言一语可以说清，一朝一夕可以改变的。

个人品牌在前几年就进入巴黎时装周官方日程的Masha Ma，在接受《COSMO》一次采访时说：“时装设计这行难走又不赚钱，建立品牌应该以创意为王，钱是在完成这个创意的过程中赚的。中国的时装产业，一两个设计师改变不了任何事情，只有一批批的设计师才有可能改变，我们需要的是耐心和信心。”

相对于成衣来说，中国本土皮具品牌的生存环境更加艰难。中国大众一向舍得把钱投资在包上，辛苦积攒数月薪水砸下的奢侈品，多半是那几个我不提你也知道的动辄几万的大牌手袋。很少有人会攒钱买当季名牌成衣，因为除非时尚圈的人，或富二代小伙伴，没人能认出你身上穿的是当季Balenciaga夹克，或Prada的裙子，买大牌成衣的人，多半是真的喜欢它的设计，所以他们也可能为喜欢的中国设计掏钱，哪怕价格并不便宜。但是大众在选择手袋的时候，由于周围99%的人认识Chanel 2.55和Lady Dior，带着出门心理优越感飙升，一包在手，挡住多少势利的眼光，是不是真的喜欢这个设计，恐怕好多人根本没有来得及问自己。经济能力稍逊又不愿意牺牲太多生活质量的，会考虑购买那些卖相接近的赝品，只要过了心理这道坎，拿出去一样蒙混过关，性价比超高。在这样的心态下，连我也想不出买一只没有国际影响力的中国设计制造的手袋的理由。

我受邀去深圳时装周看了皮具品牌Dissona的秀，说真的，设计很有见地，品质也相当不错，包款时髦又实用，整场秀的设计包括造型、音乐、布置形象非常完整，概念明确。看得出这是一个认真做事、审美超越大众对国产皮具认知的品牌，询问了公关大概的价格定位，我得出结论：这是一个性价比很高的品牌，可以买。

愿意掏钱买，大概是作为时装编辑对品牌最大的赞美了吧。不过我没法强迫大家跟我一起买，人家非要买名牌。在国外,有很多受潮人和大众追捧的配饰设计品牌，比如Mansur Gavrield、Charlotte Olympia、Finds、Sophie Hulme没什么历史，不走奢侈路线，但卖得比奢侈品牌还火。欧洲的审美环境不一样，老老少少追求个性化，忠实于自己的内心感受，不像咱们，一水儿地被成功学洗脑要做人上人，做不成，也得摆个人上人的架子，生怕被看扁了。当然，在欧美时尚业销售的拉动也要靠粉丝经济，上面提到的几个火爆的牌子，都有明星爱戴，频频上街做示范。所以中国本土品牌要出人头地，也得拜托明星多多出镜。但是中国大多数明星，自己目前没积攒多少底气，还得靠奢侈品牌提携呢，有几个穿衣品位真正牛掰到敢以名不见经传的国产品牌傍身的，指望起来也是白搭。

Chanel国内商品降价后，接下来大概会引发奢侈品牌一连串或明或暗的调价策略，这样下去，连那些国外轻奢品牌在中国的销售都受到威胁，本土品牌就更难生存了。一个奢侈品购买力排到全球第二的国家，自己的时尚领域却如此寂静，让人感到一丝不甘。让我们看到希望的是，一些当初号称欧美血统的本土品牌，现在已经坦然地公开宣布自己是正牌中国制造，这个姿态表达了一种自信。当我问到Dissona的公关，品牌将如何应对奢侈品调价带来的影响时，他淡然回答："没别的，我们只有努力做到更好。"

写这篇文章的时候，很可惜没能赶上北京上海即将发布的独立设计师们的秀，这些设计力量是中国时尚行业最大的希望，他们从来都不缺少创意和天分，但是离商业上的成功，还很远。时尚氛围的形成，仅仅靠行业自身的努力，靠我们这些媒体摇旗呐喊，起到的作用并不足够，我们等待的，应该是有一天大众更自信，更重视自我和个性，不再心虚地一味追求奢侈品带来的身份标签，说到底，有人埋单最重要。

那么，就从我买起吧。

09 ·

Dissona星空系列设计草图

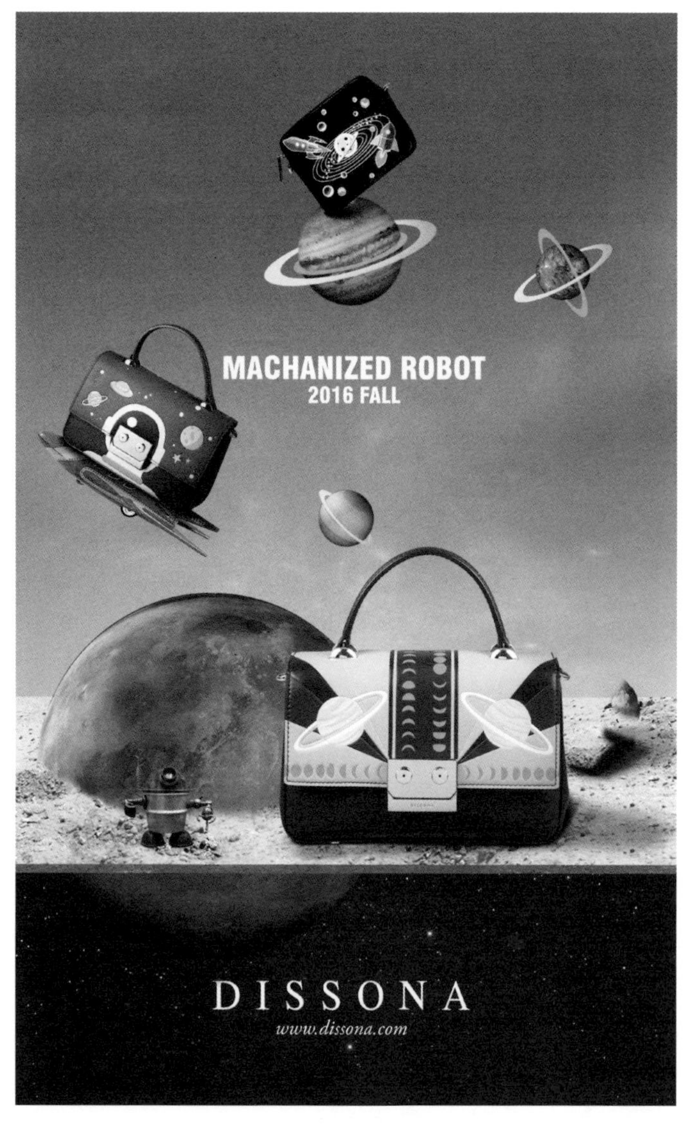

Dissona星空系列海报

第四部分

甜蜜的折磨

IV

01 · 别 被 Easy chic 骗 了

你要是觉得easy chic的重点是easy，那些潮人就偷着乐了。

每回长途飞行后，强打精神站在入境管理处盖章的时候，只要海关人员犹疑地盯住我3秒钟以上，我就会觉得自己像一块揉皱了的破抹布一样，不知道该怎么把自己抹平才能让对方确认我就是照片上那个面容新鲜的女人，要是恰逢头发该剪了，图舒服穿了一件毫无设计的套头衫和秋裤一样的邋遢运动长裤，我简直都会觉得抱歉——这不是给人添麻烦吗？

其实大部分时间我还是会考虑一下飞行时的形象——不是为了给别人看，而是为了让自己感觉良好些。所以在旅行出发前会把途中的穿着一起准备出来，有时候还真得动一番脑筋，怎么穿才能又漂亮又舒服，这的确是个问题，要不怎么有登机装这一说呢。

后来发现easy chic这个词组太妙了，概括了我坐飞机的时候、逛街的时候、跟朋友聚会的时候、度假的时候、甚至上班的时候想穿出的风格的各种啰里吧嗦的描述。就这一个词，够使了。

最近跟公关朋友聊天，她说："有几个品牌敢说自己是easy chic？很多就只是easy好吗？"真的是。好多人觉得easy就chic了，其实得先过了chic这一关再谈easy才有意义。就跟绿色出行这事儿似的，你非得有一辆宝马了，然后停在车库里落灰，悠悠然骑自行车挤地铁，才叫环保，叫绿色出行。要是压根买不起车，得了吧，就算天天苦哈哈走路上下班也归不到环保人士那一类。原谅我的刻薄，时尚圈里我不算刻薄的，我只是在生动地讲道理。闲话少说。我自从把登机装从easy升级到easy chic之后，自我感觉良好度大幅提升，以亲身体验证明了从easy到chic到easy chic是每一个爱时髦的女人都在飞奔向更时髦的道路。

近几年easy chic风格行情看涨，把女孩儿们直接带入一种“我不刻意搭配才是时髦”的假相里。街拍潮人和时装精们在做采访时会说“我最喜欢的单品是那件破洞牛仔裤，它可以搭配我衣橱中的任意一件单品”“我喜欢简单随意的感觉，一件字母Tee，一双平底鞋，就会让人看上去既性感又时髦”。实话实说，这真挺害人的，让好多姑娘以为她们可以随随便便在清仓大卖场就可以置办出Cara Delevingne 的时髦，其实你们不知道，那些时装精的破洞牛仔裤是天价品牌的最新货品，有着无与伦比的剪裁可以拉长腿型，破洞的位置和大小经过无数次的研究才有了最完美的效果，臀部口袋的位置、磨白效果的精确把握不能差哪怕一点点儿……你认为牛仔裤为什么有50块钱和5000块钱的区别？OK，就算Olivia Palermo穿的是Gap的牛仔裤，你知道她搭配的机车夹克是Balenciaga，手袋是Valentino，鞋子是Sophia Webser吗？你同样也不知道，她们轻描淡写的所谓“一件字母Tee，一双平底鞋”是买错了多少俗气的字母T和平庸的平底鞋，抛家舍业陈尸累累才积攒出了这点底气。

至此，你大概误会我是在强迫你拿四位数的月薪去吃泡面买名牌。不是的。我只是提醒你不要被easy chic骗了，那得是层层迷雾后的拨云见日，可不是你想象的一睁眼就能见到的晴空万里，你得明白easy chic是chic的更高段位，而不是easy的水到渠成。白衬衫搭配牛仔短裤easy吧？想chic还要考虑衬衫的领口

01 · —— 设计别致些、短裤口的位置要恰到好处，无名指戴一枚亮眼的cocktail ring，鞋子是kitten heels或者亮色loafer……好烦，对不对？所以白衬衫和短裤不过是障眼法，骗取别人惊呼“为什么你随随便便就可以穿这么时髦”的小伎俩。谁说随随便便？别信她们。

02 · 做个舒服的美人 还是只做美人

通往时装的世界，选择做漂亮的女人，还是做舒服的女人，是否只能二选一，没有中间路线可走！

这一阵子，天气实在太热了。天热的结果是：我终于稍微瘦了那么一点点，可令人惋惜的是，我却热得完全没有心情像一直梦想的那样，一旦瘦下来就每天穿得光彩照人地出街。

当然，天气热会让人觉得精神萎靡心情倦怠算是说得出的借口。可是，我也会暗暗地斥责自己太不上进，身为时装编辑，竟然满足于每天穿One-piece踩平跟鞋，一只大墨镜当妆面，别的女人这样不过是懒惰，我这样简直就是渎职嘛。

极端气温，严寒或酷暑，对着装都是一种考验，对爱时装的忠诚之心也是一种考验。天气适宜的季节，加一件衣服不热减一件衣服不冷的春秋天，我会特别爱打扮，这时候精心搭配单品的兴致特别的高，高调亮相时被人注意的心情也特别地得意。不过，不知道别人怎样，当我穿得特别讲究特别出众的时候，经常会觉得特别地累。这种累从出门前对着镜子比比划划的时候就开始了，接下来这一整天，都会特别注意自己的仪态，踩在10公分高跟鞋上还要显得悠游自在，在别人羡慕的眼光中假装无动于衷，就好像自己是个大明星早就习惯了被别人关注，一举手一投足更要得体优雅以对得起自己这一身行头……等晚上回到家，简直就累瘫了。身体状况良好、工作时间可以控制在10小时之内以及没有跟男朋友吵架时，我可以连续一周保持精心高调着装的状态，即便如此，周末在家也一定丢盔弃甲，溃不成军。况且，穿得漂亮真的是有技术含量的，艳压群芳地出门，势必杀死大量脑细胞，ABCD……Z的各项排列组合，你以为随便抓几件单品就可以穿得很出彩？到了冬天夏天，不光是温度问题提高了这项作业的技术难度，单只心情就影响到发挥。所以，一年365天算下来，我真正愿意尽职尽责全力打扮自己的日子，其实还不到一半。

以上是我对自己的检讨。这完全不符合我的职业操守。这是连我的老板都不知道的现实内幕，可是我告诉了你们。我，作为《COSMO》的主编，被认为应该是这个样子的：人生最大的追求是穿得美丽，每天在办公室惊艳出场，随时可以拉去走红毯；平底鞋只能作为拖鞋出现在家里，日装鞋鞋跟不得低于10公分，晚装鞋不得低于12公分；视引领潮流为己任并以身作则，如果不能时时刻刻让人觉得穿着出挑让人产生艳羡心理，根本就是人生最大的失败；要鄙视季节与温度，无论冬夏，只有不想穿的衣服，没有不能穿的衣服。

时装是该带给我们快乐的，让我们感觉良好，给我们带来自信，当你穿得精彩，会觉得整个世界也跟着精彩。然而，现实世界中，时装却给我们带来很多负担，美丽和舒服往往在时装世界是两道永远不能交叉的平行线。读者也许曾责怪我们，为什么在时装大片里面呈现的模特总是穿着那么高的鞋子，那么紧身的裙子，杂志教给我们的，为什么总是这么不舒服的装扮？我只能说，这就是时髦的代价。通往时装的世界，你选择做漂亮的女人，还是做舒服的女人，只能二选一，没有中间路线可走。也许你早就懂得这个道理，也许你一直把像我这样缺乏自律和上进心的女人作为反面教材随时激励自己，所以，我们在杂志里会告诉那些愿意为美丽付出代价的读者，如何做一个360度的全方位美人。我必须告诉大家，成为一个这样的美女，没有捷径可言，如同一口饿不成个瘦子，也不要指望看完文章就完事大吉，修炼靠自己，克服所有美丽带来的劳心劳力也要靠自己。等有朝一日你修得正果，你还要记得——其实这才是我真正想说的——学会放松的美丽。日日的全副武装只会让你看上去无比紧张，像一只随时处于备战状态的猎豹，全神贯注，不敢松懈，你要懂得聪明地，甚至是狡猾地，把自己塑造成一个漫不经心的美女，看似随意，衣不惊人，好品位不露痕迹，却处处是文章。甚至，适时表现出些幽默感，play with fashion，把时装看做你的玩伴，跟它一起玩，让自己看上去既美丽又舒服又快乐，这也许很难，但是总有一天你会变成这样。

好了，现在我至少可以坦然地在读者面前说，我真的不是对工作和个人形象懈怠，我只是故意显得漫不经心罢了。

03 · 时尚圈可算想开了！

不必再穿高跟鞋走天下，不用穿勒到喘不过气的紧身夹克瘦腿裤……是不是一直盼望做时尚人终有一天也能这么爽？好消息，这一天，来临了！

时尚圈一直想不开。吃不饱穿不暖，老跟自己过不去，最低标准，踩得了10公分高跟鞋才算勉强够格入门。

好像终于扛不住了。种种迹象表明，时尚圈人要放低身段。放低身段的第一层意思就是，牺牲身高。穿不穿高跟鞋已经无所谓了，潮不潮不看这个。你要问我穿什么才算潮，我会，欣喜若狂地回答你：球鞋！

球鞋太红了。要是没有一双Nike Air Max、New Balance三位数或四位数编号考验数学记忆力的合作款，都不好意思说自己是潮人。长大衣还在搭配高跟鞋？太没劲了吧。醒醒，oversize大衣搭配球鞋才是王道！所有时装品牌都在出球鞋款呢。以前时装编辑参加时尚圈活动，后半场通常脚痛到人仰马翻，更不要说去时装周串秀场，会对男编辑羡慕到两眼通红，天灵灵地灵灵，什么时候才能熬到不穿高跟鞋也能赢？终于，我们盼到了这一天，可以穿着零负担的球鞋赶秀场，还被街拍。我们看到踩高跟鞋的女郎不必再羡慕，而是可以表示不屑：你的受苦没有意义，因为你不懂潮流！——童鞋们，务必赶紧去抢一双球鞋，过了这个风潮，又得踩高跟鞋，那可亏了。舒服一天是一天吧！

如何让美丽与舒适并存，在时装界一直是一个课题。必须得说，感谢街拍潮人们改变了时尚圈追求高大上的傲娇心态，让很多平民化的装束影响到T台设计成为大众的追求，球鞋是一例，除此之外，棒球夹克、平檐棒球帽、卫衣都是近两季大热，让我们痛痛快快地从头舒服到脚。

当然，也有时装人自觉自愿主动走向想开的道路。比如pajama look。一般人都理解不了睡衣怎么穿上街。那不成上海弄堂里的大叔大婶了？可是从2011年起，就有部分品牌在T台上展示这种慵懒随意却腔调十足的全套睡衣，虽然很多人看着眼热，却不敢轻易尝试，让人觉得这个潮流就要无声无息间被错过了，直到2013年春夏巴黎时装周小马哥在Louis Vuitton和自有品牌中全程推出pajama dressing和各种闺房睡衣设计，并在两场秀谢幕时都穿着两件套出场时，潮人们都觉悟了，这时不穿更待何时，争先恐后把睡衣成套穿上了街。时装发展到穿睡衣出门这步，不得不说，还能再舒服点吗？真是够想得开！

时尚圈是什么时候想开的呢？大概是从大家对dress up心生疲惫时吧。轻松穿衣，也是一种现代人的时装态度。但是，时尚圈是真的想开了吗？也许过个一两季又开始回到折磨人的束身衣、夹断脚的细高跟靴、铠甲般死沉死沉的重工钉珠上衣……别太乐观，时装没有那么容易放过我们。劝大家，人生得意须尽欢，设计师潮人们都说了，今年大家可以穿球鞋穿睡衣，千万别放过这百年不遇的懒散机会，基本等同于“躺着也能瘦”这样完全不具备事实基础的愿望，正在现实上演。即使过了这一波，时装又回到以苦为乐中，最起码我们曾经舒服又时髦过，对吗？想开点！

摄影师范欣作品　刊于《COSMO》2016年1月刊

04 · 时尚或者男人，这是一道单选题？

生活中总要做出这样那样令人为难的取舍，这次轮到时装——是不是，我们真的离时尚越近，就离男人越远？

太聪明太能干的女人，往往会成为爱情道路上的弱势群体，这一点在经过无数次证实并且大多数强悍女人已经开始认命时，我们悲恸地发现，原来女人不仅不可以太具内涵，也不能太有外在——过分时髦也会将男人吓退——你最多只能做到不落伍，如果你成为一个紧随潮流的女性，让自己时刻成为流行的焦点，那么你同样会被大多数男人排斥。这个事实是不是也太惊悚了？！

那么，男人真的如此胆小吗？或者不过是因为对于时装他们跟女人的审美相去太远？

传统的时装审美观一直没有脱离男性趣味，时装变了很多个来回，无论设计师性别如何，性取向如何，虽然他们的作品穿在女人身上，虽然时装在不断颠覆旧的传统，但最终都要落得被男人的眼光层层筛选，长久以来能够传承下来的主流设计，都是通过了男性审美的认可，原因很简单：一直以来，女人不停换衣服的主要目的，不过是为了在异性那里得到更多的赞许。

但是今天的女人显然变得自我了，时尚态度变成了“我希望我是什么样子”，而不是“我希望成为他眼里的什么样子”，穿好穿坏我自己说了算，你不喜欢是你看不懂。所以你会看到时尚圈追捧平胸美女穿着中性时装，潮人爱奇装异服扮古怪。这种态度显然会激怒男人，他们只愿接受纯洁的白天鹅和诱惑的黑天鹅，他们的审美世界里无法容下一只为了让自己看上去特别一点，会给自己的羽毛挑染颜色并且装饰上铆钉和链条的标新立异的另类天鹅，而且它竟然还对男人的反对毫不在乎。

每季天桥上发布的潮流，都会有很多你不敢问津的设计，时装编辑在拍片前fitting，也往往看到潮爆的样衣激动一番后理智地想想“读者会接受这样出位的设计吗？”而忍痛割爱。当你面对的人群是大众，主流审美观总是会占上风，时尚圈的审美趣味，的确超出了很多人特别是男人的理解范畴。

说到这儿，我要表明一下，我不打算也无权给别人指点道路。支持你继续我行我素做一个具有时尚态度的摩登女性，还是建议你迎合男性品位牺牲个人形象去成就伟大的爱情，这都不是我应该做的事，如果非要问我的意见，我举双手赞成——一只手赞成A，另一只手赞成B。这个世界如此丰富，生活如此多元，我不想把自己的观点强加给别人，我只能根据你选择的结果，举出两三个时装圈当红潮人的例子，给你一点参考意见。

时装红人Alexa Chung天生男人相，竹竿身材则是她成为IT girl的最大本钱。“把女孩衣服穿得像男孩一样。”英国《卫报》将她誉为“最性感的假小子”。她甚至在为Net-A-Porter拍摄的春季Look book中示范如何穿着真正的男装。Alexa面对镜头时即使面带微笑也让人觉得颇有距离感，更多时候冷冰冰的眼神让她看上去简直酷极了。时装界超级喜欢她，但是，像她这样的潮人，跟她的好友Agyness Deyn一样，恐怕就只能找摇滚歌手做男朋友。

另一位上东区名媛IT girl Olivia Palermo，显然属于男人喜欢的类型，衣着考究，精致可人，笑容甜美，姿态端庄，兼具女孩与女人的纯美和优雅……不消多说，即使你没见过她的照片，应该也能想象出她的样子了，对吧？

这两个时装红人，一个代表了时尚圈的审美观，一个代表了主流世界的审美观。如果你爱Olivia Palermo的着装风格胜于Alexa Chung，那么恭喜你，你绝不缺少男人缘。如果你爱Alexa Chung多于Olivia Palermo，一样要恭喜你，爱上你的男人一定对你死心塌地，因为你这样的女人显然不多见，而你也该珍惜他，因为他这样的男人也同样少见。

04 ·

Alexa Chung　图片由H & M提供

04 ·

Olivia Palermo　图片来自Blumarine

05 · 买错了，就再买一件

不知你怎样，反正我从没买到过完美的衣服。基本款嫌太无聊，时髦货两三天就厌烦。我不责怪自己购物欲，也不后悔花出去的冤枉钱，不经历这些，就别想找到那件完美的衣服。

根据多年购衣经验，我发现一个规律：买衣服的过程犹如找老公，带着明确的标准去选，大致会出现两种情况：1.遇到基本符合要求价格又公道的，干脆利落买下，不再张望其他货色，踏踏实实一穿到底；2.由于信念太坚定，要求又太过完美主义，逛遍全城也找不到完全符合标准的那一件，只好空手而归，开始怀疑世界上是否有完美的衣服。前者遭遇的麻烦是：刚穿上身转眼看见另一件更完美的，但是，总不能扔掉旧的再买一件几乎一样的吧？而后者，却往往等这一轮流行已经过去了，还没找到中意的那件，只好认命痛失良机。

如果完全没有标准，逛街也是件烦恼事——明知不适合自己，可就是抑制不住被诱惑的冲动，买回家在镜子前比划比划就扔在一边落灰，逼自己忘了这次失败的经历。也可能，因为打折图便宜，买了一堆没意思的衣服，件件都是重复已有的，件件却都不如已有的。

买到手的衣服又如同常人眼中的婚姻：在货架上挂着时，它是最好的，挂在自己衣柜里，怎么就没感觉了呢？我对一件衣服的喜爱时间越来越短，以前还能持续一季，后来穿过两三次就开始厌倦，再后来，兴奋状态就只能保持从商场回到家里这一段路的距离了！

根据多年购衣经验，我发现一个事实：永远别想买到最满意的衣服。

发现这个事实后，我觉得我应该以娱乐的心态面对买衣服这件事，随时提醒自己要放松。发现漂亮但不适合自己的衣服——买！如果不买会夜不能寐地惦念，还不如花钱买踏实。发现完美之选却没我的尺码——那就算了吧！反正买到手穿不了两次也会厌倦。

其实这样的励志对我来说并没有多大作用，事实上我根本就做不到拥有这么良好的心态。结果，和大多数女人一样，我衣橱里的衣服，往往是以量取胜，找不到一件100分的，就买2件80分的，虽然两件都不够精彩，但起码可以搭配多个Look。也因为这样，每天早晨拉开衣柜门，我都会感到天天重复的绝望感：没有衣服可以穿！在这个问题上，即使是不愁银子的明星，也不见得比普通人烦恼更少。女星Eva Longoria面对家中塞满漂亮衣服与珠宝的133平方尺的巨大衣帽间，称之为“甜蜜的折磨”，这真是说到女人心坎儿里！我们每个人都有差不多的感受，在这件事上，女人都是自虐狂。

有责任心的杂志会教给读者如何买到划算又适合自己的衣服，经济危机期间，Karl Lagerfeld也曾适时贡献给他的崇拜者一些诸如“买那些你衣橱里没有的，令你兴奋狂喜，可以跟你身上的衣服混搭出有创意和新鲜感的衣服”，或者“别穿你自己都心存怀疑的款式，选择让你信心十足的”之类的贴心建议，不过，无论专业人士开出多少方子，真正实践起来还是要靠自己摸爬滚打外加上缴学费。“令你欣喜若狂的衣服”和“令你心存怀疑的衣服”？不瞒你说，搞不好就是同一件，如何判断？我没法告诉你，你必须拼命地试，试出你自己的答案。风格建立是一件件试出来的，成功转型也是一件件试出来的，没有丢掉几大柜子衣服，别妄想成为一个有型的人。

不管怎样你肯定还是会买错，没关系，我们都一样。

06 · 秘密武器决胜衣橱

数量永远不是输赢的关键，一件设计出色质量考究的衣服，可能救活你整个衣橱；便宜东西未必不出彩，二手衣就可能让你全线胜出。

作为一个曾经的时装编辑，不得不承认，我从事多年的工作内容中，最重要的任务之一是怂恿读者冲动购物。我不知道自己的任务完成得怎么样，有没有谁在我掏心掏肺的撺掇下买过什么没必要买的衣服手袋——如果你们买过，而且因为冲动而悔恨不已，希望你们不要对我大加责难，因为我并不比你们买得少，而且自责的速度不比任何人慢，程度不比任何人轻。也就是说，我并不是有意给你们挖坑陷害——我可是连自己都没有放过，我是很真诚地，让我们大家成了时尚受害者。而且，购物的过程始末，即使愉悦感只在一手交钱一手交货的时候持续了5秒钟，最起码，你也不是从头到尾都是失落的，对吧？

当然，作为一个出色的时装杂志人，应该对自己提出要求，在执行怂恿读者购物的任务时，要尽量告诉读者如何聪明地购物，这包括教给读者如何在每季眼花缭乱的新品中做到气沉丹田、坐怀不乱，如何压制自己的冲动，如何少花钱多办事，如何搞明白哪些货品可以成就一时的show off，而哪些可以默默跟随你今后所有的岁月……需要表白一下，我就是在时刻不停地这样要求自己的，我也知道，做到这一点，先要从自己做起。我愿意把我这么多年的经验教训换来的点滴体会全部打包赠送。我向你保证，大多数时装编辑是不会虚伪地说假话的，如果我们不喜欢一件衣服，绝不会向读者吹嘘它，那倒不是说我们多么诚实厚道，而是时装编辑不愿别人看低自己的品位。把品位看得比道德更高，这在时尚圈，根本就是生存准则呢。

闲话少说，分享时间到！前几天编辑部选题会，几个时装编辑讨论一个消费心理选题时，一个编辑说：年纪越大，越会减少买衣服的数量，倒是更注重衣服的质量，看着衣橱里堆成小山般只穿过一次就厌弃的旧衣服，真不如精挑细选几件完美考究的，可以一直穿下去。那么，如何在不放弃漂亮的前提下降低穿衣成本？一件让你愿意穿100次的售价2000元的衣服，其实比一件你只穿5次就扔掉的200元的衣服便宜多了，前者单次的穿着成本只有20元，后者却是20元的两倍，这么一算账，你就知道怎样更划算了。当然，你可能一件衣服只想穿5次，余下的钱还可以换换口味经常穿些时新衣服，但是，总有一些时候，比如参加商务派对，与客户谈判，约会完美男友时，需要一件不那么张扬却考究够范儿的衣服撑撑场面，又或者在一季潮流呼啸而来时，比如这个春夏的艳色亮彩，相信我，只选一件最耀眼出众的代表作，整个春夏季，你都不用再担心不时髦了。

所以，决胜衣橱的关键从来只是质量而不是数量。这要求你具备搭配的天分。印度女孩Sheena Matheiken曾经365天重复穿一条小黑裙，每天发布到相关网站上，募集各种旧衣物用来搭配。这看上去是个游戏，却启发了我们一件衣服穿全年的可能性，谁都可以这样做，但前提是这件衣服一定要设计够大牌，裁剪够大牌，面料够大牌，细节处理够大牌，否则想穿出好效果，非得仰仗搭配的衣服够大牌才行，如同《红楼梦》中为了烧个茄子搭上十几只鸡一样，虽是一种令人景仰的奢侈态度，对我们普通大众来说，还是亏大了。你或许还会觉得，这需要更多的衣服配饰储备才能完成这样的游戏，不过如果你成为搭配高手，精选几件衣服就会有成倍的搭配组合方式，效果可能相当不错哩。

购买二手衣也是潮人少花钱、多办事、办好事的秘密武器之一。二手衣的年代感和唯一性是新季新品所无法替代的，只要你克服一点点关于“这件来路不明的二手衣有什么不可告人的前尘往事吗？”的心理障碍，就可以坦然地与新衣搭配出只属于你自己的个人形象，撞衫这种事可是绝对不会再发生了，而你的穿衣成本，又会相当经济地降低了一大截。

我觉得我就算不是个好编辑，也得算个好心的编辑。你看，我在这儿如此毫无保留地告诉你怎么能更时髦，同时更省钱，通篇文章我一个品牌的名字都没提，一句大师的话都没引用，说的都是发自肺腑的话，搞不好这是空前绝后的唯一一次，你们可得领我的情啊。

07 · 环保 就是尊重你的每一件衣服

我崇敬环保主义者，但我也无法责备爱时装的人。为了环保永远只穿旧衣服，我做不到，也不能违心地呼吁读者去做，其实，只要我们尊重买来的每一件衣服，欣赏它，爱护它，能够物尽其用，就好了。

天气渐凉，无聊了大半年的皮草达人又即将满心欢喜地穿上那些柔软、丰满、高贵，但是不可避免地沾染上血腥味的皮草外衣。我不算环保主义者，但偶尔出现小小良知，所以穿皮草时一想到某些小生命因我而死，还是会有微微的歉疚。无奈的是，时装似乎总是与环保背道而驰，爱时装，做时装编辑，就意味着不得不与环保保持微妙距离，或对屠杀长着美丽皮毛的动物睁一只眼闭一只眼。

各大时装周期间，总有大批PETA成员镇守秀场外，每逢看到观秀的人穿着皮草现身，就会此起彼伏地嘘成一片以示抗议，那些脸上露出怯意的，一定是些时装圈微不足道的小角色，大多数被嘘的人往往面无表情，既不惭愧也不难堪，依然若无其事地招摇入场。某次Jean-Paul Gaultier Couture秀上，有动物保护主义者手持标语冲上runway，而保安则相当有幽默感地上前用皮草大衣裹着他把他赶下台。不过，这种动口不动手的温和反抗行为多半发生在巴黎、米兰，欧洲人对皮草多少持有包容的心态，到了纽约，无所顾忌地穿皮草就是找死，泼油漆，扔蛋糕，这些恐怖行为让时尚圈人多少有些忌惮。

在秀场不穿，别处照穿不误。时尚圈嘛，本来就有自己独立的行为准则，穿皮草在时尚人面前可绝不会遭到攻击和鄙视——除非你穿的是假皮草！

人造皮草没有天然皮毛美丽的光泽、顺滑的手感、走动时微微颤动的招摇，价格便宜、成本低廉，它的地位堪比A货，摆明了是爱时装又囊中羞涩的人的专属品，所以，在时尚圈为人所不齿实属合情合理。另有一说，假如出于悲悯心肠才穿仿制皮草，依然是上下不搭的虚伪行为，如同念佛的人吃素鱼素肉，还是惦念着自己认为不该有的念头。所以我们只会在时髦价廉的高街品牌中见到仿照大牌设计的人造皮草，奢侈品牌造假皮草？你怎么会有这么荒谬的想法？

可是奇迹就这么发生了。Chanel秋冬推出Fantasy fur人造皮草，大张旗鼓，毫不掩饰。Karl Lagerfeld说："全球变暖是我们这个时代最受关注的问题，时装界也必须重视这个问题。做人造皮草，一是Fendi的真皮草实在太棒了，我不想跟Fendi竞争；二是当今的科技进步得如此完美，你很难分辨这到底是真皮草还是仿皮草。"是否分辨不出真假，这点有待商榷，然而Lagerfeld功不可没之处在于，他让人造皮草堂而皇之地出现在奢侈品牌的殿堂中！这很有可能带动一场时尚风潮，让人造皮草成为潮流单品，选择它，不再因为它价廉，而是因为它时髦！这比多少费尽口舌的动物保护宣传效果要好多了。

貌似时装界与环保主义者终于有机会握手言和皆大欢喜，然而Gucci的执行总裁Patrizio Di Marco却唱出反调，他认为皮草也许更环保。"全球85%的皮草原料来自畜牧业，这并不在正常的动物保护范围内，一件皮草埋在地下，一个月后就将完全溶解，毫无污染，而人工皮草多是化学纤维混合而成，不易降解，反而对环境造成一定的污染。”

这又让人犯难了。真皮草屠杀动物不道德，仿皮草给地球造成污染负担，那么是不是说，我们只得彻底放弃穿着皮草，无论真假？我知道，如果我要展示正义，就应该挺身而出、以身作则从此与皮草一刀两断，但或许，我们也可以放平心态，既不必把衣橱中的真皮草碎尸万段，也犯不着不买人造皮草的账，从时装角度来说，环保，应该是尊重我们的每一件衣服，尽可能地爱护它，尽量重复穿它，让它发挥最大的功用。至于“一年不购衫”之类的毒誓，究竟有几个人敢发出来？如果大家都是《瓦尔登湖》的忠实拥趸者，时装界已经不存在了。慎重地购买，杜绝衣服只穿一次的浪费，接纳二手衣，租赁偶尔才穿的礼服，这些都是时尚中人能够做到的。美丽地环保，是对环境负责，也是对我们自己负责。

07 ·

动物保护人士抗议皮草消费　图片由东方IC提供

08 · 经典长情，还是时髦滥情？

经典和时髦，貌似永远是对立的两件事，难道，我们就没有机会撮合撮合它们？

编辑部的一个同事，前两日跟我探讨关于奢侈品的问题，说打算再过几年买只Hermès的Birkin包。“看到欧洲五六十岁的老太太们，举止优雅穿着得体，戴着大件珠宝，拎着Hermès——我发现Hermès真的跟皱纹十分相配，也只有这个年纪的女人才能压得住它。”她的结论是，买奢侈品就一定买用得着的，可以一直用下去。

瞧，这就是经典的力量了。无论是矢志不渝、海枯石烂一辈子只青睐一款包的长情派，还是喜新厌旧、败家不止，下一只包永远好过手上这只的滥情派，最终都会义无反顾大步奔向经典，在花钱买享受、买教训、买苦恼的道路上终于殊途同归。

问题是经典却往往给人带来迷惑。因为它已经被确认是一件不会出错的东西，人人向往至少是人人认可，所以容易让人失去对它最原始的审美判断。买，不一定是因为自己喜欢，而是因为大家喜欢。所以我们看到满街的Lady Dior，名媛或白领都以它傍身寻求安全感，可是，到底有多少人真的懂得它的好？贝嫂拥有800只Hermès的传闻不知真假，不过当事人并没有站出来辟谣，可见第一不怕露富招灾，第二觉得这个数字给她带来荣耀——超级Hermès控啊，多么有身份有品位！问题是，嫂子你像抢购冬储大白菜一样地买奢侈品，到头来人们只会觉得你够有钱，而并非够格调。对经典的尊重，在于细品它的味道，珍视它的陪伴，而不是你有我就也得有，咱们比比看到底谁的多谁的贵。我要是Hermès，就拒绝再卖给她。

我一个朋友抱怨，她常常被关于经不经典的问题搞得疲惫不堪。每隔三五个月，必定会因为穿经典还是穿时髦的问题跟自己过不去。经典款穿久了，会觉得乏味，改穿时髦货，时间长了又感到缺乏底气。她保守起来，只穿以一当十的硬通货，豪放起来就连Forever21也敢买一柜子。而且无论站哪条队，都会有相关理论的支持：

A. 穿经典——永恒啊，超过30岁的女人，经典款才能衬托起年龄带出的味道；就像Carolina Herrera挚爱的白衬衫，即便是满头白发，依旧能看起来整齐干练。你看那些好莱坞女明星们，红毯上再争奇斗艳，能被评论为“Classic”，也都是相当高的赞誉。要是把那些会穿衣的好莱坞女明星们这些年的红毯造型按顺序排开，就不难发现，人人都是在不断走向经典。就连她们背后那些秘密武器一样的造型师们自己都承认，会从经典的电影人物和那些经典Icon身上找灵感。而这些经典还有很重要的制胜关键，就是质感。精良的面料，考究的剪裁，哪怕是最简单的基本款，都能让你看起来很体面。记得一次巴黎时装周，时装秀开场前，一位满头白发的女士从我们面前经过，在T台对面落座。清瘦高挑的身材，穿着一件简单但是看起来相当有质感的丝质白衬衫和一条剪裁考究的高腰西装裤，几乎裸妆只涂了很显气色的口红。没有花哨的装饰，但是就是让人忍不住会被她的气质吸引，恨不得立马回家清理掉自己那些乱七八糟的应季款。旁边的同事也感慨，如果老了以后能像她这样，真的就足够了。好歹也是大小场面都见过，品位挑剔的时装编辑，照样在这位“经典”的老太太面前全都变“迷妹”了。

B. 穿时髦——时髦让人更加年轻活泼，与当下的时代紧密相关。我非常理解我这位朋友，我也同样是个贪心的人，想要成熟女人的风韵，可是又不想被划归到老年人群被流行抛弃——别笑，我敢打赌，你心里百分之百也是这么想的！再说了，时髦的东西往往是最新鲜有趣的产物，谁不喜新啊，吃饭还讲究应季尝鲜换口味呢，更何况是对女人来说最重要的衣服鞋包。

当然还有选择C，把经典和时髦混搭起来——这个主意相当不错，你会看上去既年轻又有气质，当然啦，你先得是一个擅长混搭的时尚达人。就算没有Leandra Medine或是Taylor Tomasi Hill那种基本款衬衫凑一起都能被她们搭出花儿来的技能，至少也得能学着Caroline de Maigret的样子，时不时用一件够时髦够抢眼的外套什么的刷新下自己的新高度。

再给一个选择D——这才是我特别想说的。

《COSMO》曾经做过一个话题，讨论新的经典在今天是否还有可能形成。话题做完我一直在想这件事情，想到现在，我觉得搞经典咱们还是有机会。Jonathan Anderson入主Loewe后推出的网红手袋puzzle搞不好会成为传世之作，曾经那个获得CFDA颁发年度潜力配饰设计师奖的Alexander Wang（王大仁），已经站在他曾经潮爆的铆钉包上跨过了Balenciaga，又走向了新高度。Nicolas Ghesquière在时尚圈人人见logo都恨不得躲着走的时刻，用一款Petite Malle让Louis Vuitton传统logo重新成为时尚宠儿，一时间logo彻底从最不时髦前三甲变成了到处断货的最时髦，Petite Malle也成了品牌常年主推款，每季换新装。Alessandro Michele也左手挂着酒神包，右手牵着经典的马蹄扣，头顶光环的带着满身刺绣的“New Gucci”向着未来越走越远。我是说，我们当然可以舒舒坦坦地坐享其成穿用已经过时间证明的经典款，但更刺激的是，我们还有机会在自己的时代体会经典款的诞生呢。有兴趣加入“猜一猜谁会成为经典”的游戏吗？这可是超级有成就感的事情！你若有足够的眼光识别现在的时髦货哪些在将来可以成为经典，那可算得时尚达人了。

买经典，什么时候都不晚。如我同事所讲，最压得住皱纹的Birkin包，不如等有了皱纹再买，趁着不算老，抓紧时间多尝试新款式。时装世界一天一个样，热烈参与其中还是做旁观热闹的淡定看客，是两种时装态度，哪种都不算错，只是，如果我们20岁、30岁、50岁都穿得一个样，是不是太可惜了呢？

Louis Vuitton的Petite Malle包

Hermès Birkin包

09 · 那些不能急的爆款

一般人的消费顺序，是拥有几件人人识得的名品做定心丸，才肯去注意季节性设计和个性设计……但是，咱们年轻呀，就该有年轻的任性！

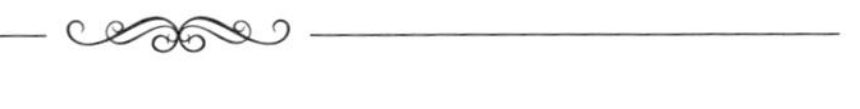

在我们中国，人多，这有时候成为一个盖过一切的优势，特别是，有钱人，任性的有钱人，多到不得了时，就出现了“爆款”这个词。

我指的可不是淘宝上58元的字母卫衣那种爆款，我说的爆款，起码要翻上百倍的价格，比如Loewe的AmaZona手袋，Roger Vivier的Belle Vivier方扣鞋，Van Cleef&Arpels的四叶草项链……可这不是叫经典款吗？——嗯！是的，你说的一点没错，不过在中国，叫爆款真的比叫经典款更贴切。

首先需要声明的是，我这篇文字绝不是想黑这些其实在我心目中绝对是经典款的爆款，如果真要找到一种情感来描述，我倒是想称之为“心疼”，因为这几个款我都有，并且很喜欢，但近来不大穿戴了，偶尔上身，会费些心思搭配得奇怪一点，或者装作特别随随便便、漫不经心把名牌包当买菜篮的气势，是在向对面走过来跟我撞包撞鞋撞珠宝的妹子表现出高人一等的姿态：对不起，咱俩可不在一个审美层次上。

虽然不再穿戴，还是会妥妥地收在衣柜和首饰匣里，因为是

09 ·

Ines de la Fressange为Chanel拍摄的广告

真心喜欢，而且觉得早晚有一天，当满大街的人穿得更有主见，当大家发现这些千年不烂款可以留到年纪大一点穿会更有味道时，我会把它们翻出来穿戴上街，然后跟对面走过来跟我撞包撞鞋撞珠宝的姐妹有一种惺惺相惜的同类感。这也就是我刚才为什么说对它们会抱有一种“心疼”的情感，因为觉得它们被不了解的人滥用了。

我这么说，的确带了点让人讨厌的优越感，最简单的逻辑是：凭什么你能买别人就不能买？

就此我还是想真诚地解释一下。

一个作者，在一篇时装稿中告诉女孩们，别光盯着大品牌的经典款，你那么年轻，干嘛不做一个最时髦的姑娘呢？我特别同意，因为在我还特别年轻的时候，就错过了这样的机会，总固执地觉得买经典款好划算，可以用很久，不过时，而那些潮流单品，一季结束，就销声匿迹了，不长久，没意思。而且，我20多岁的时候，国内没有那么新潮的买手店，也没有网购这一说，想买可没现在那么顺手。再后来，开始爱潮流设计时，心里已经没有多少底气了，觉得Kenzo的虎头衫、Christian Louboutin的荧光铆钉鞋、Yaz Bukey花花绿绿的配饰，就适合满脸胶原蛋白的小女孩，我这个年纪上身，多少有点硬撑不服老的悲凉感，穿穿就心虚了，想想又于心不甘，就去选择比较中立宽容的Acne。一般人的正常消费顺序，都是从经典款买起，拥有几件人人识得的名品做定心丸了，才肯把注意力放在季节性设计和个性设计上。就我的经验来说，实在有点可惜，咱们年轻，就要有年轻的任性，别到任性不起来的时候留遗憾，是吧？

等你到了一定年纪，这个年纪也许是30岁，也没准早点或者晚点，发现潮流设计不再能征服你的心，每天变换造型让你觉得有点烦躁，面对庞大的衣橱却好像没有一件衣服懂你，你的眼神和语言最能代表你而不是衣服指出你的个性……的时候，那些经得住时间考验的经典款，会像默默关注你多年，懂你、默契，却不急于表现的老朋友，站在你身边，一直陪伴你。

看看Sophie Marceau和Ines de la Fressange，你就知道我在说什么。

经典款可以伴随你一生，像一段美好并且长久的婚姻，从初次见面直到陪你变老，你和它之间的感情仿佛爱情转化成亲情般越久越醇。那么，你准备好说“我愿意”了吗？

首先，我要表明立场——我是拥护将经典进行到底的。我自己就打算把这两年买到手和即将买到手的经典款一直穿用到海枯石烂——海水枯了，石头烂了，我的Burberry风衣仍然在替我挡风遮雨，我的Chanel 2.55仍将保持着它高贵的面容，那些菱格形状的皱纹，会成年不变地证明越老越优雅的道理。

我终于下决心订一只Kelly包，32吋，黑色小牛皮，金色扣饰，外缝线，爱马仕巴黎福宝店的店员告诉我这一款很难订到，因为这是经典款中的经典款，最接近Grace Kelly的那一只。没关系，我可以等呀，等个三年两年也不成问题，反正Kelly永远不会退出流行，这也是我决定买它的原因，只是，不要涨价涨得太厉害。

做这个决定，我还是踌躇了很久的。上一篇文章看到我还在推心置腹地游说大家别急于买经典，因为经典嘛，反正永远在那里，永远可以买，你不妨先买买当季货尝鲜，老了再买经典款也不迟。这一篇文章，我的态度就来了个大转弯，当然，我还不至于在两篇文章的间隔时间内变老了，老到终于实践自己的诺言开始买经典款。只是，我开始像很多人一样思考和计算成本问题，你看，假如我幸运地在巴黎订到一只我中意的Kelly包，5 500欧元，退完税不到5 000欧元，不出意外的话，我再活上40年不成问题，如果我每天都用，这样算下来，每天成本只有3块钱人民币。这么一算账，你是不是也想立即冲到店里去订一只。好吧，不过咱们说好了，你要排在我后面才行。

经典款，早买早踏实。第一，因为年年涨价，对我这样脑子笨的人来说，搞不懂预期收入的增长、货币贬值，等等关系，干脆下手了事。第二，假如我有了女儿，在她成人礼的时候把手袋转赠给她做纪念，说“我已经用了20年”绝对比“用了5年”更被重视。我最担心的，是女儿的同学鄙夷她：你妈妈做了一辈子时装杂志，竟然连只Hermès都没有——哈哈，我是有多虚荣啊。

我假装很会算账，但其实相当缺乏数学天分。当我把我“每天3元的理论”得意扬扬地告诉给朋友时，马上遭到对方的不屑：“喜欢就买，别找那么多借口，你会每天都拎吗？你真的会吗？如果你把这笔钱拿去投资，可能很快就能赚回两只Kelly包，你都可以拎一只，扔一只了！”我可没有这样的志向。我只是很愿意早点开始享受手里握着一只自己心坎儿上的高贵手袋，那样的自己，会比别的时候的自己更让我喜欢。

但是，朋友说的也对，我会每天都拎吗？我这样一个缺乏长性的人，难道真的会爱一件东西爱到老死——爱到老死不相往来倒是真的会。不过，即使这样，也总比三个月就退出流行的应季款更对我胃口。至少，现阶段是这样。

大多数人买名牌还停留在买配饰的阶段，经典款配饰也同样更多地卖给了喜欢奢侈品但暂时无福消受名牌成衣的人。买应季成衣与买配饰的人处于两个完全不同的消费阶层，一个是让品牌保持奢华光环的高端客户，一个是奢侈品真正仰仗的普罗大众，而这些希望凭借一只手袋或一条丝巾步入奢侈品殿堂的人们，如果有朝一日能够消费一件名牌的衣服，那么，我们也还是从经典款下手吧。这些衣服同经典款手袋一样，可以让你穿到老。

一件衣服穿到老，这可不是忽悠你，但是你也要做点什么，爱护它，维持你的身材不变，学会选择适当的时尚单品搭配它，在不同的年纪穿出自己的味道。这样，你不会觉得乏味，还能得到搭配时装的乐趣，相信我，当你告诉别人“这件衣服我穿了20年”，得到的满足感绝对超过“这件衣服可是本季最新款”！

好了，今天这个问题就讨论到这里，也许，我只是说也许，过了几天，我又会翻脸不认人地告诉你别光盯着经典款，还是多买买当季新品。是啊，我就是这么纠结，这么善变。

不纠结，不善变，那还是做时装的人吗？

第五部分

潮流易逝 风格永存

V

01 · 天下淑女一般黑？

一袭黑衣的淑女？——我知道，听上去就让人犯困。好吧，打起精神来，淑女为什么就不能鲜艳活泼？

淑女这个词，在以前毫无疑问是个彻头彻尾的褒义词，假如一个女性被赞为“淑女”，不用说，必定出身清白，环境优越，容貌美丽，举止得体，处处惹人爱慕，最终，一定会谈上一门好亲事，开始孕育下一代把淑女的传统承接下去。

后来——我是说现在，淑女这个词好像没有那么吃香了。男人称赞女人，若用淑女来评价，明显是对方对他没有构成诱惑。女人恭维女人倒是经常会说“她好淑女啊”，但明眼人都清楚，这其实不算是一句真正的赞美——这不过是一句不痛不痒的评价，“好淑女啊”比“好漂亮”“好性感”或“好聪明”更显得空洞敷衍。关于魅力，鬼才相信一个女人会由衷地赞美另一个女人。

“淑女”光辉不再，倒不是因为淑女过时了，而是淑女的概念被一代一代更新之后，这个说法却没有一并找到更时髦的替代词，所以但凡提到“淑女”，在我们脑袋里的印象就永远带着旧时代的气息，没完没了的端庄古板，不厌其烦的LBD（小黑裙）。

一件不管多么好的东西，对着看久了都会生厌。整个时装发展史，也就是人们不断创作——热衷——生厌——改造的过程，而那些人人爱戴的亘古不变的经典，也是因为有诸多转瞬即逝的时装生鲜不断更迭地围绕衬托，人们每每注意力被转移，一时厌倦之后，回头看看还有经典掌控大局，所以才能得以继续被仰望，否则，只有那三招两式，永无变化，还有谁会奉若至宝，当作一件心头的梦想去追求？

小黑裙大概是最具代表性的淑女行头了，“小”代表了灵巧纤弱，“黑”代表了经典永恒，“裙”代表女性特质，这里面最重要的，说到底还是“黑”。“黑”简直就是能够最大化地给予女人安全感的避难所，它能衬托你、成就你，又不至让你太过醒目，含蓄、深邃，这就是为什么它跟淑女惺惺相惜、形影不离的原因。只是我总有点惋惜，虽然淑女配黑色永不失手，耐人寻味，但是总觉得有点不够精彩。Audrey Hepburn和Coco Chanel都是擅长演绎黑色的高手，但是，她们却很难说得上是典型意义的淑女。

当然，黑色只是淑女行头中最符号化的一部分。类似的，还有开司米Twin Set（女士两件套羊毛衫），珍珠项链，半跟鞋。写到这里，心虚手软，妈妈的箱子底都被我翻腾出来了。虽说复古是一件随时都在发生的事情，但复古到copy照抄绝对是没有的。本季50年代风潮严重突袭，细腰大摆裙全面回归，比起这几年一度回望的60年代、70年代、80年代，50年代显然是盛产淑女形象，也是淑女受追捧的最后黄金年代。然而本季流行此50非彼50，淑女得绝不真诚，带一点小诱惑小放肆，不过，这才是现代版本的淑女嘛。

搁在50年前，Carla Bruni能得到的最善意的评价也就是传奇女性，虽然她与正牌淑女代言人Grace Kelly人生经历有相似之处，但以她拍摄裸照、情人众多这两条罪状，就会从淑女名单上被干脆利落地划掉。而她却在这个时代被普遍接受。平底鞋，永远的Dior，坦坦荡荡，智慧得体，没有人会觉得她不上路，不美丽，不优雅。现代淑女，已经不再是一味的端庄温柔、洁身自好，而是有主见、懂生活、个性自由并善于展示自己的魅力。现代淑女的形象，也不仅仅是保守的黑色和套裙，红橙黄绿青蓝紫，皮草风衣牛仔裤，爱穿什么，你就尽管穿吧。

前一阵在东京原宿逛时装店，候在货架边的店员上前招呼，不动声色地微笑打量，我看中一件讨喜的蓝色裙子，她拽过另一件热情地建议：这款还有黑色，要试试吗？我当下心里一沉：怎么见得我身上穿黑色就活该永远只穿黑色？结果赌气般买了三件鲜亮衣服出门。搞不好店员在背后偷笑：激将法果真是销售高招。

01 ·

Audrey Hepburn身着小黑裙

01 ·

Elizabeth Taylor身着小黑裙

01 ·

黛安娜王妃身着小黑裙

02 · 哪种性感最性感

性感是个老话题，也是个纠结不清的老问题，当你对着镜子问“我是否性感”时，其实应该先弄明白，自己到底想要哪一类的性感。

谈这个话题，坦白地说我有点心虚，因为自认为不是一个性感尤物，所以无论说什么，都有道听途说人云亦云的嫌疑，最多走走脑子加入一点自己的分析判断，全无现身说法的底气。

这不能怪我。中国本来就缺少性感教育的传统，从小我母亲从未指导过我该如何诱惑男人使他们想入非非，只一味地想把我调教成淑女。当我知道性感这个形容词时，正在蓬头垢面地备战中考高考，所以完全错过了性感初级实践期。在相当长的时间里，我对性感的理解很直白——在我眼里，性感完全是天然条件，就是所谓前凸后翘，细腰长腿，衣服湿嗒嗒地贴在身体上，噘嘴巴，斜眼梢。

其实大多数人对性感的理解也就是这样了。每年各杂志评选出的“年度十大性感女星”，标准都差不多，从未看见哪个平胸美女入选。所以，身材不尽如人意的女性想要扮性感，只好在衣服上动脑筋，让身体多多的暴露，让曲线更加明显，但这又成为一个悖论——身材不够好，穿薄露透岂不更加暴露缺陷？

T台上从来都不缺少为完美身材设计的时装，特别是那些性感得令男人女人都心跳加速的露胸露背露大腿的绸缎、雪纺、蕾丝和闪光亮片，尽管穿在清一色身材寡淡表情冷漠的模特身上，还是让人浮想联翩。可是这些超级性感的show piece却极少会摆到货架上去卖，卖的都是一些改造后保守许多的款式，保留原来的设计风格，但保证不会走光。

时尚圈不流行通常意义上的性感。如果你喜欢看各大时装周秀场外的街拍图，你会发现暴露总是被干净利落地排斥在时尚圈之外（的确，时装周总是安排在不怎么热的天气里，但相信我，如果潮人们想扮性感，她们绝对不在乎雪天里露大腿。）若冷不丁看到一个挤乳沟拗S造型的，必定是某个还未被时尚圈洗脑的明星前来捧场。

这倒不是说，时尚圈痛恨性感，而是时尚圈对性感抱有不同的见地。但凡性感、优雅、浪漫……这类词汇，如果今天大量出现在某篇时装报道中，你要怀疑这个作者的专业度，因为这类形容实在太过抽象，任何一个品牌的任何一个时装系列都跑不出这一套，以这种措辞糊弄了事，绝非专业水准。时装界擅长塑造风格，也擅长混淆风格，优雅就要讲出子丑寅卯，浪漫也得说出甲乙丙丁，至于性感，那就更说来话长了。

最强势的性感是Versace式的性感，无论何时何季，永远摆出“性感我最大”的姿态，深V超短，光鲜璀璨，永不软绵绵粘腻腻，适合攻击性极强的女性；最文艺的性感是Prada，一点一滴的趣致渗透到骨子里；最随意的性感是Stella McCartney，家常的慵懒和清爽爽的简单，让人心里无比熨帖舒服；最低调的性感是Jil Sander，简单肃穆，于细节处不露声色地诱惑……这样说来，性感其实无处不在。

好吧，至此你已经知道我想说些什么——性感无定势，每个

02 · ——— 人都可以拥有自己的性感标签，即使你天生是个没胸没屁股的瘦骨仙，也可以把Kate Moss当作榜样——她从不穿着超短裙上街招摇，可是照样不缺男人追。男人也未必总渴望看到你穿着低胸装。有调查显示，穿上男友的白衬衫，会让他觉得你超级性感！而不合胃口的性感着装，你穿着不爽，看的人也绝对爽不到哪里去。

02 ·

Kate Moss　图片由视觉中国提供

03 · 可惜性感不是数学题

过于忙碌的今天，常常希望一切都能够简化到用公式就可以套出一个结果。如果性感这道题，也可以像数学一样套用公式就可以做到，世界上性感的女人就太多了。

据说好莱坞的商业电影剧本创作十分产业化，多少分钟的时候出现什么样的情景，都在精确计算之中。观众该笑的时候就给他们抖个包袱，笑完之后就安排点适当的紧张感，需要有人挂的时候绝对不手软，最紧要关头务必留出时间给男女主角互诉衷肠——而大结局总是让观众欣慰的。这就像数学题一样精密，框架搭好，往里面填进去相应的料，事情就办成了，观众也心满意足。

生活中也有很多数学题，比如职场的一分耕耘一分收获，比如情场上三心二意就一定一事无成，尽管我数学一向不好，但觉得如果生活中所有事情能像数学题一样有一个明确的步骤和确定的答案，未尝不是一件好事。但是有些事情，数学公式就是解决不了问题。

当然你知道我要说到时装了。其实不仅是时装，一切带有主观色彩的美好事情，艺术、音乐、美食，用数学公式套出来的东西一定不是最好的。

时装在长久以来每隔一个阶段就会创造出一个新的公式，多数有开放意识的人则会依照这个公式尝试与以往不同的穿法，这

03 ·

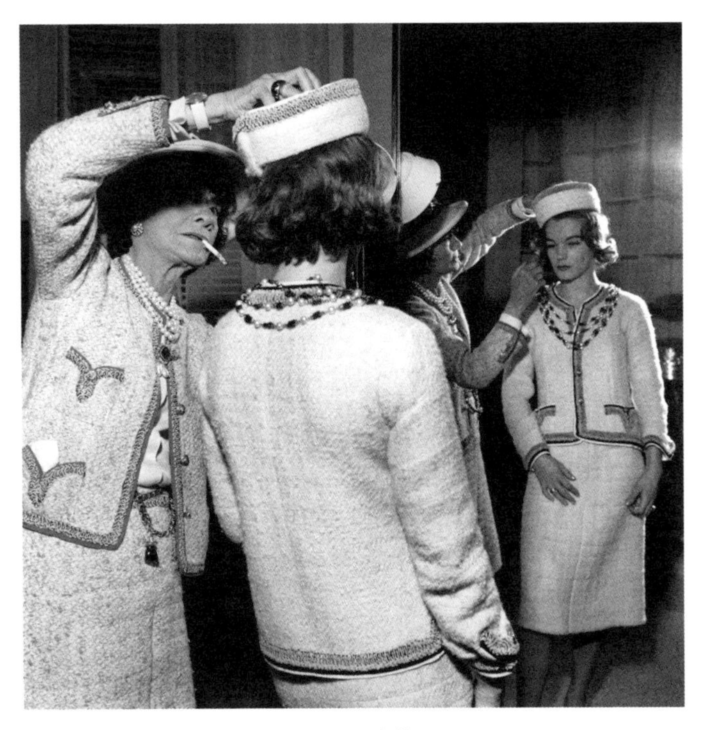

Chanel的套装

就造就了一个时代的流行，比如Coco Chanel开创了自由中性时装的时代，之后Christian Dior把女人解放了的腰肢又重新束成18英寸，Yves Saint Laurent创作吸烟装让裤套装成为又酷又性感的装束，Calvin Klein的现代美式风格展现出利落简约的时尚风貌。感谢上帝，如果不是有这些不满足于旧公式的人，可以想象我们的时装生活该有多么乏味。

把日常装扮当作数学题做，我没意见，毕竟我们大多数人不必肩负创造时装潮流的责任。但是像我刚才说过的，数学公式套出来的东西一定不是最好的。套装就必得配白衬衫、珍珠项链、高跟鞋，牛仔裤跟白Tee和Converse才最搭。街上千百个人都这么穿，你不在乎，我就没话说了。

糟糕的是，数学题的算法放在时装上，也有答案错误的时候。打比方说，你认为优雅＋优雅＝双倍优雅，这我绝对没意见，但是性感×性感=性感²？那可就是大错特错了。这道题，可不是这个算法。

不得不承认，性感是个较高段位的麻烦事，大多数人都不怎么擅长。佩内洛普•克鲁兹、斯嘉丽•约翰逊不算在内，她们裹条麻袋都是性感的。我们要解决的命题是，让不性感的人和不怎么性感的人穿对了衣服，变得性感；让性感的人把握好性感着装的分寸，别让效果适得其反。一般人对性感着装容易把握不好分寸，虽然“一味地暴露不等于性感”已经得到大多数人的认同,但在实际操作中口味重的人还是会犯类似的毛病，刚才所说的性感×性感，就属于这类问题。深V领、Mini裙、露背装、豹纹、蕾丝，这些代表着性感的经典元素如果堆砌在一起，唉，我想说，优雅过度最多落个保守，性感过度……将是场可怕的灾难！

好在就像大部分自然灾难一样，性感灾难也有防范的办法。

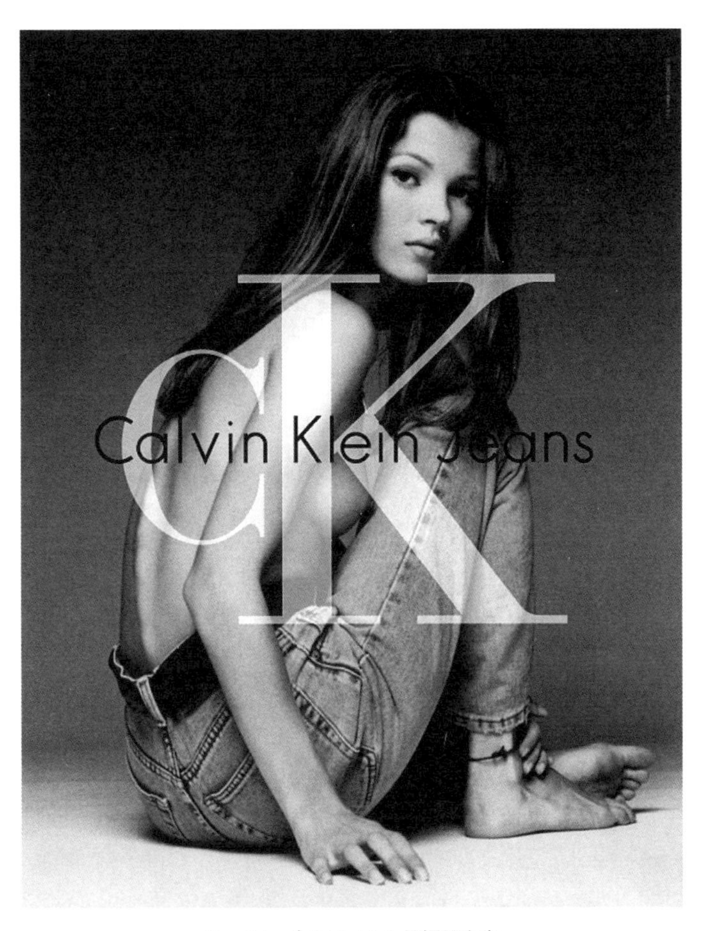

Kate Moss为Calvin Klein拍摄的广告

03 · ——— 想要穿的够性感还跟各种公共交通工具上发生的社会新闻保持安全距离，你得学会做减法。这减法可不是让你穿得像是要去拍《Playboy》封面，或是即将登台的维密模特，而是整个行头只留一件负责传达性感信号就够了。当然你还得扛得住当下变换速度快得好像随时能原地起飞一样的时尚潮流。千万别跟个赶海的小姑娘似的，前脚还没追完露腰潮，后脚就要伸向露肩和吊带睡衣的新浪潮里，那等着你的可能也就只有浪打浪，不时尚了。广大时尚潮人和设计师每逢被问到关于“怎么穿”的时候，都有一个统一的回答就是“你要了解你自己的身材”，别管是不是公关话，道理一定是对的。如果你有漂亮的马甲线，那露腰短上衣你就可以变着花样穿；如果你有漂亮的锁骨，别管是露肩还是“X”领，都别错过；如果你瘦瘦高高，那吊带睡衣裙，你穿一定行。只是，当你选了这些性感的单品，就别贪心再露出你的长白细美腿了，朴实的牛仔裤或中性的高腰长裤才是不扰乱社会治安的搭配选择。那些各种吊带“睡衣”，长度没超过膝盖的就配条裤子或者中长裙吧，中性感觉的各种外套也不错。总之，如果在性感的道路上你选了A，就千万别带上BCD了，深V装还要露背还不想放过秀美腿的机会，那不就剩下件泳装了吗？

如果以上建议对你有帮助，将是我们时装编辑莫大的快乐，但请记得，时装世界里，没有唯一，没有恒久不变，任何习题都是你自我训练成为一个懂时装的人的积累。

03 ·

Dior的New Look

03 ·

YSL的吸烟装

04 · 顺眼

让我说什么不顺眼很容易，说什么顺眼，就有点难了。

顺眼这两个字，听上去很没要求吧，基本上是个陷阱。如果你听见一个女人用它来描述对一个想象伴侣的期望，好了，这个男的起码年薪30万起步，身高175公分以上，平日里要温文尔雅令人如沐春风，紧急关头虎胆龙威头一个冲锋陷阵。拿来形容一个女人，出得厅堂下得厨房那也只是标配吧，还需要补充什么额外条件，你尽管发挥想象，怎么都不过分。

所以，谦逊低调地说只想要“顺眼”二字的人，都不是好惹的主儿。顺眼这个概念，是跟不顺眼相对的，而想挑出不顺眼，那实在太容易。关于一个人的穿着，不顺眼只一个理由就够——外套显得臃肿，牛仔裤磨白不到位，黑色leggings太无聊，大花leggings好cheap，鞋包颜色不搭没品位，鞋包颜色太搭太刻意……顺着说下去，数出100条绝对不成问题。那么，要是穿得顺眼，就得规避所有这些我们曾经经历过的失误。可是，那又得多无聊啊！有一回，在北京三里屯逛街时，我终于忍无可忍，对结伴逛街的女朋友抱怨起来。

“为什么我穿衣服从来没有任性过？你看看我手里这堆东西，每一件买之前都要想想是不是适合自己、应该怎么搭。连穿衣服都这么理智，生活还有什么乐趣？”

于是我间歇性购物癫狂症发作了，发狠买了一堆以前碰都不会碰的衣服，简单地说，就是看上去不那么顺我眼的衣服，包括配色夸张的大衬衫、暴露的薄纱裙、看上去挺俗气的亮片短裤、还有美丽但是穿上去会让人瞬间膨胀起来的彩色横条纹灯笼裙。

遗憾或者后悔，是我们一生中在做选择时总会遇到的纠结。活得稳重的人，一生无悔但无趣，活得任性的人，看遍世间风景后或许落得一肚子委屈。好在穿衣服这件事随时有修正的机会，最大的恶果无非是让人奚落和花了冤枉钱。要是这点代价都承受不了，那咱们就洗洗睡吧，别再往下说了。

坦白地说，我在报复性无节操购物之后感到后悔了。这有点像非得跟自己较劲去尝试适应一个个性强烈、不通情理的男朋友，表面看上去与众不同富有吸引力，一旦相处起来每天都在制造各种悲剧。我把配色夸张的大衬衫、暴露的薄纱裙、看上去挺俗气的亮片短裤全都穿了一次，唯一的一次，想来想去，最终无奈地把看上去美丽但是穿上去会让人瞬间膨胀起来的彩色横条纹灯笼裙幽禁在衣橱最上面的一格，放弃了。

顺眼，是一种积累多年的审美取向，你已经通过长时间的考察和体验，完成了适合自己与不适合自己的甄选过程，形成一种让你处于舒服状态的条件，挑战它，你必须有足够勇气重新接受曾经被你否定过的东西，形成新的审美。但是，我们有必要去较这个劲吗？我们又不是明星，不想红。

每个人都有自己顺眼不顺眼的标准。所以，这个世界特别丰富。有人觉得Miranda Kerr脸蛋完美身材完美，有人就觉得她脸蛋身材完美但没味道；有人觉得范冰冰丰满很性感，还有人觉得周迅清瘦也性感。有人爱Céline的大气简约，有人就爱Kenzo现在被拼命仿造的潮牌形象，也有人爱Jeremy Scott为Moschino设计的麦

04 ·

Kenzo的上衣

当劳和海绵宝宝。顺眼真是至高境界，就因为没标准、没底线，什么都可能顺眼，什么都可能不顺眼，所以能在顺了自己的眼同时顺了别人的眼，真是要靠功夫。要是再有女孩要我帮她介绍个“顺眼”的男朋友，我想跟她说，谁都想要顺眼的，你的顺眼是什么？

Mathilde Brandi 演绎的
Céline 2016度假系列 Photo by Zoë Ghertnerin

Céline 2013—2014秋冬广告片
Photo by Juergen Teller

04 ·

Moschino “McDonald's”系列

05 · 穿什么过情人节

穿什么过情人节我都没意见。我们又没有生活在严格限定着装时间场合的时代，更何况情人节穿红穿绿穿长穿短都没差别，在这个自由着装的时代，只要是你喜欢的，别人说好说坏又有什么所谓？

我不知道有没有谁在情人节那天特别注意要跟男友穿得登对，准确地说，是要求男友的形象跟自己保持绝对一致。我一直对所谓情侣装感到困惑。多年前国内时尚类杂志到了情人节这一期，通常都有如何穿情侣装这样的选题出现，这时候你就会看到一对对的男女模特穿着同样色系同样风格同样档次的衣服摆出相亲相爱的姿势。“情人节就应该这么穿！”杂志会这样告诉你，你要让周围的人都明白身边的这个男人是归你管的，尽管这男人会觉得跟你穿得如此刻意的相同是多么让人难为情。情侣装这个概念，我觉得完全是凭空编造出来的。我不知道有没有读者当真对编辑言听计从，其实编辑们自己都不会上自己的当。但是，每逢二月刊上市，还是能够看到很多情侣装选题出炉。当然，我说的是多年前，我那时候做编辑，这类事也没少干。

那么，情人节这天，到底应该怎么穿？我的建议很简单，就两个字：随便。

我并不是反对大家穿得讲究些，相反，我觉得当下是个特别不讲究的时代，特别需要出现讲究人。我们戴着棒球帽去听音乐会，穿西装去看球赛，穿牛仔裤去晚宴，踩10公分细高跟去麦当劳，其实这都没什么，我也觉得这挺好，这个时代多自由啊。前几年我看过一本书叫《优雅》，是个法国老太太告诉人们应该如何优雅得体地穿戴，她告诉读者，要在合适的时间场合穿对的衣服，听从她的理论，我就得每天备上三身衣服去上班，上午穿一身（有些衣服只适合上午穿），下午穿一身（有些衣服穿过中午是不得体的），跟客户下午茶穿一身，晚上赴宴前还得再换一身。这样做的结果是，我的老板会怀疑我整天都做了些什么，尽管我会开夜车把白天换衣服浪费的时间补回来，老板还是会认为我应该把更多的时间和精力放在工作上——尽管我做的是时装这一行。所以，这本书只给了我缅怀（其实不能叫作缅怀，我压根只听说过没经历过）优雅年代的机会，稍稍畅想了一下如果我生在那个年代会多么有风致，发了一会儿呆，就套上牛仔裤夹脚拖鞋匆匆出门去拍片了。

后来，我发现当下的不讲究有两类原因：一是根本没想过要讲究，二是觉得不讲究显得个性突出超凡脱俗。对第一种情况，我想就别干涉了，人家有不在乎外表的权利，任谁也管不着。第二种情况，我想说的是，要塑造你卓尔不群的独特魅力，至少具备两个条件——第一是除你之外的人都得符合衣装华美气质恶俗的反面形象，第二是你具备貌似漫不经心却耐人寻味的穿衣功力，而且你还得貌美如花气质脱俗，这样才能显得别人都是狗尾巴草独你是带露玫瑰花。千万别中亦舒小说的毒，我们这代人看着她的书长大，以为只有穿白衬衫粗布裤头扎马尾才能在众人中被全城最受欢迎的钻石王老五爱上——扯。

那么我到底要说什么？我是赞成穿得讲究还是赞成不讲究？

我都赞成，也都反对——我是说，我不想担这个责任，让你把被甩或嫁不成钻石王老五的责任赖到我头上。

不开玩笑，我当然希望看到街上或者餐厅或者办公室的女性穿得更加楚楚动人，如果是因为看了杂志而更擅长打扮，我会非常高兴。不过我们不会跟读者说你在情人节那天应该跟男朋友穿情侣装，穿情侣装那不叫讲究，那是编出来糊弄人的。除此之外，凭空编造的还有物超所值的衣服、适合所有人的衣服、以及穿了100年还想继续穿的衣服……不要迷信时尚杂志的说法，某时尚名刊美国版主编在一本书中历数了100件时尚单品，称之为时尚界最经久不衰的实用单品，这本书应该会成为很多女性读者的置装参考，而在我看来，操心筛选出10件来是下了真功夫，替你选100件是几个意思，那跟没选有什么区别，她多赚稿费，你多花置装费，你如果无所谓，随便啦。

06 · 外套非要披着吗？

好多时候个性其实就是从一个大家熟悉的框框跳到另一个大家不太熟悉的框框。抱歉，披外套这事躺枪了。

半个月前，我和同事跟一个数码产品的客户见面，握手寒暄时，他说："果然是时尚圈中人啊，我听人讲，时尚圈的人从来不穿着外套，而是披着。"

我哈哈一笑，掀掉外套坐下来。离开的时候，发现同事犹豫了一下，把胳膊伸进了外套袖子里面。

回到办公楼，突然发现电梯里进进出出的编辑好多都是把外衣披在肩膀上的，坐下来翻翻杂志，T台图、潮人街拍图、我们自己拍摄的时装片，只要有件外套，多半也是披挂上阵。

其实披着外套从实用角度上来说没什么太大的好处，除了穿脱方便些，走路容易滑落，拿包很不自由，动作大点都不行。不过真的是起范儿，衣服一披起来，最好再配上冰冷的眼神（演技不行就戴太阳镜），小角色马上变女魔头，呵呵。

都说时尚圈穿衣做派个性化，看久了，就发现事实上很多时候时尚圈的人从大众这个框框里跳出来，跳到另一个所谓时尚的框框里，比如千篇一律的瘦，千篇一律的爱平胸，千篇一律的夸张配饰，千篇一律的毒舌，千篇一律的故意迟到。我不知道被人一眼认出是时尚圈的人是好事还是坏事，就个人观点来说，"她一看就是搞艺术的。""还用说吗？穿成这样肯定是销售。"虽说在一定程度上用衣服正确表达了自己的身份，是一种职业体现，很可惜却模糊了自己独特的面容。着装代表一个人的个性和品位，这话说了好几千年了，人们还是不大敢真正表达自己的个性。有的时候，“时髦”是抹杀个性的。什么是个性？就是普天下明星都在穿高跟鞋时，Rihanna非要穿球鞋，而全世界潮人开始集体球鞋走四方的时候，维多利亚·贝克汉姆的双脚还是长在高跟鞋上。

话说回来，当人们（包括时尚圈和非时尚圈）都在追赶一个潮流，但是这个潮流却让你看上去造型很刻意的时候，大概只能算是一种二流的时髦。就像把外套当披肩这件事，好像一直是时尚圈人自high的标志产物，虽然T台图、潮人图到处可以看到，我们自己也身体力行地实践，但大众貌似并不感兴趣，所以才有像那个圈外客户说的，“只有时尚圈才这么穿”。是啊，看上去充满个性的着装方式，如果不具备推广开来的实穿度，只是用来拗造型，时装编辑之间见面心照不宣，面对屌丝大众暗生优越感，好像也没有多大意思。

我是不是有点太针对披外套这件事了。其实我不是对它有多么大的成见，事实上我依然觉得这么穿特别有气场，女王范儿十足，它甚至可以掩饰一些身材缺陷，比如窄肩膀或者短手臂，也可以让你漂亮的内搭有机会露出更多丰富的细节。遇到合适的场合，我大概还是愿意这么穿。我只是想说，或许我们不该过于陶醉于一种穿衣服的套路，而是该考虑更多的可能性。假如冷眼旁观的圈外人想：“嗯，这个是很时髦，但是让时尚圈的人去穿吧。”我觉得比“这个好时髦，我也要穿成这样！”段位要差一些对不对？甚至做不到“哇哦！衣服这样穿，好奇怪好特别”的个性化和随心所欲的底气，不过是成为框框之外的另一个框框，不该是时尚人的追求，对吗？

07 · 这就不是钱的事儿！

品位跟金钱有没有关系？答案是有。但是扮阔绰跟时髦可是两码事，一分钱关系都没有。你可以用很贵的衣服穿出拾荒范儿，那看上去真的很有型。

女人一生投资最多的是什么？衣服、衣服、还是衣服。男人能理解一个女人需要5件同样款式的针织衫，因为他们自己的白衬衫也是成打成打地买，但男人不能理解的是，女人为什么把每个月的薪水都换回一屋子的衣服和鞋，却常常愁眉苦脸地嘀咕：我竟然没有一件可以穿的衣服！

时装业是要多感谢女人的喜新厌旧，同时又不离不弃。这么充满矛盾的两种个性，却偏偏集中在买衣服配饰这一件事上。一件衣服，穿了一季、穿了五次、穿了一次，甚至在买下回家的途中就已经看厌了，但是柜子里不同颜色不同皮质不同尺寸的Lady Dior却只只都是心头爱。就这样，奢侈品牌可以日复一日年复一年地把经典款生产到底，时装屋可以一年推出12季100个系列，件件新装成为时髦必杀技。

时装品牌赚足了钱。他们因此尽心竭力地让付钱的人看上去更有钱。醒目的logo和高辨识度的产品可以达到这个效果，这对于无论刚刚毕业的小白领还是已经家财万贯的名媛都可能有着强烈的吸引力。但是自从有了“人穿衣服，不是衣服穿人”这样的经典论调出现，也有不少人开始醒悟，让自己看上去有钱和看上去有品位有时候根本是满拧的事儿。

当你看到一个周身散发着魅力的女人，只觉得她美丽高贵，却没有意识到她穿了很贵的衣服，她就真的成功了。我给打个比方吧：你能感受到温度这个东西存在的时候，是不是因为天气特别冷或特别热？如果风和日丽气温刚刚好，你根本不会想到温度这个问题。你能感受你身体某一部位存在的时候，是不是因为那个部位不舒服？否则你不会强烈地意识到自己有一副肩膀，同时还有一个胃。那么，当你的衣服恰到好处地衬托起你的风韵时，周围人不会感觉到你的衣服有粉红色票子的味道，如果让人一眼看到的时候想的是，哎呀，这件衣服得花了她多少钱啊，这只手袋一定是天价否则她怎么那么小心……那么，你就知道，你的状态压根不对。

有人拿Kelly 包说事儿，大意是：如果你拎着它出门，拜托穿得随便点，哪怕邋遢点，这样反而更有味道，千万别为了它搭皮草搭珠宝全副武装，感觉太正式让人觉得你对奢侈品的态度很膜拜很土。虽说话有点偏颇（因为我认为Kelly包最大的魅力是经典百搭，街范儿、女强人范儿、明星范儿、皇室范儿，总相宜），但这个态度我觉得很正，就是说，你得明白一件事儿，奢侈品是很会欺负人的，一副拜高踩低的势力相，你强它就弱，你弱它就强。你花那么多银子买了它，凭什么让它在人前夺去你的风头？对它就像对某些男人，太把他当回事儿，他就会沾沾自喜自视甚高，你不那么在意他，他反而俯首帖耳言听计从。奢侈品和时装，也是这么回事儿，记住，你是它们的主人。

OK，读者已经知道我的立场了：拿大牌生生砸出的品位不是

07 · ——— 真正的品位，拿出个人风格才是过硬的真本事。如果一件不明不白的衣服被穿出味道，比全身披挂名牌更会得到时尚圈的赞许。如果我说时装品位跟金钱没有关系，这不是事实，我想说的是，品位，就不是钱的事儿，扮阔绰就不属于时尚范畴。Kate Moss在时尚界何等地位，营造穷范儿可是她的个人标签，管你什么大牌，统统穿成Topshop。Kate Middleton成为IT girl是大众给皇室面子没人当真，Olivia Palermo看上去太上流，时尚圈也就打打酱油。所以，我们该明白时尚的方向并不是扮富人。奢侈品牌今朝走大logo路线目标是为中国市场，可是高辨识度带来了多少麻烦，明日说不定调整路线装低调依旧也是为了中国市场，到时候，我们可得捧场啊。

08 · 上流 下流 不入流

穿出上流社会范儿不等于品位上流，穿成下流胚样子也不见得品位下流，穿得不入流，时尚圈可就真不带你玩儿了。

“上流”这个词，我觉得在今天比“下流”也好听不到哪里去。这种歧视，大概要拜当年名噪一时的“上流美”所赐。要是谁跟我说你今天看上去很上流社会啊，我就会很心虚，觉得自己是不是穿得有点装啊，下次一定要注意形象。

当然，上流社会本身并不惹人厌，担心被冠以“上流”称谓，是因为自知本不属于上流社会，担心有“伪上流”的嫌疑。我一直觉得，伪上流功夫做得再好，也不过是A货，要是乐此不疲地非要跻身上流，就得有被人当面拆穿也满不在乎的心理承受力。

动不动教人穿出上流名媛范儿的，实在是误导，这就像你本来是一只新鲜诱人的桃子，有人非要把你修理成一个圆润甜美的苹果，苹果当然不错，可是桃子也很香甜啊，为什么非要做成别人呢。即便你穿了名流爱穿的品牌，拎了名流爱拎的包，你也该是谁还是谁。爱情电影有时候也挺耽误人，《窈窕淑女》《漂亮女人》一类的电影，都是告诉喜欢做白日梦的姑娘，你们要修炼出上流社会的身段，就能嫁得如意郎君。

人人争取进步，这我绝对赞成。谁不想成为一个上等人呢。

培养优雅的姿态，学习西餐礼仪，训练风趣得体的谈吐当然是现代社交生活中必须做的，不过我这会儿说的伪上流，不是学习培养一种素质，而是刻意模仿别人，为了贴上不属于自己的身份标签。更何况上流场合也需要个性的人和个性的表达，伪上流，就意味着乏味，因为需要追求一种标准化，而这种标准其实只是非上流社会群体所看到的表象，甚至只是想象出来的，所以穿得无趣一点都不奇怪。真正的上流，倒并不见得是这样的。

好在，有那么多的低龄名媛不愿意copy她妈妈的穿着，又有那么多富家千金偏偏喜欢出位的打扮，也是因为她有足够的穿衣主张，对着装风格的驾驭能力相当有一手。尽管名媛现象使得美国民众批评她们的人生毫无意义，整天只是吃喝买衫，无聊攀比，不过时尚圈才不在乎Icon们对社会有多大贡献，穿得好看，就是最大的贡献。

总结一句：上流的着装风格，跟是不是上流社会没什么关系。当然，上流社会也不会穿得很下流。

要说“下流”，不少人擅长此道，Lady Gaga第一个跑不掉。平心而论，她歌唱得还算不错，但是长相马马虎虎，身材也没什么亮点，这样的歌手一抓一大把，如果再穿得很“上流”，想红，可真有点难度。所以，聪明如她（或她的团队），知道“下流”比“上流”更容易引起大众的兴趣，所以索性只穿上装不穿下装，把裙子做成生牛肉片的样子，头上想顶甚就顶甚——穿得下流的手段十分上流，大众就是买她的账。不过，这本账能卖多久也很难说，我这会儿还在写她，自己都觉得out得很。

“上流”还是“下流”都好过“不入流”。“不入流”包括刚才说的“伪上流”，也包括没玩好的“伪下流”。Lady Gaga之后，一大群刻意模仿者紧紧追随其后，看得人生厌，来来回回就那几套，没什么新意，也没超越原型，谁又耐烦去记住这些人呢。又或者缺乏着装创意，只会生搬硬套，譬如那个只会穿大牌Total look的某国际名刊时装总监，貌似原搬T台Look已经硬撑成个人标签，可有几个时尚圈人会由衷赞赏她的着装品位？所以，穿衣服，个人风格是第一位，即便做个不“上”也不“下”的芸芸大众中的某某某，识得潮流，懂得自己，不显山不露水却深谙时装之道，比强装他人以期沾光获得注意实在体面得多。

09 · 你有时装底线吗？

想要突破底线，时装设计界已经没有太多的余地，但是我们，依然有的是机会打破自己的着装底线。

常识告诉我们，什么事都得有底线，冲破底线，就会出乱子。时装一直都有底线存在，但这底线又一直在被打破。每打破一次，就成就一名时装大师。到今天，时装似乎看不到底线了，大师队伍也日渐人丁稀少。这个事，也说不清是好是坏。

今日的时装太自由了，已经谈不上有什么约束。举例来说，3年前人们出门还是会穿裤子，20年前没人会以乞丐装扮为美，50年前超短裙还是异类。但是今天，人们想怎么穿就怎么穿，想不穿就可以不穿，或许有你不敢想的，但是没有人不敢穿的。很难说10年后人们还能干出什么出格的事——但是一定会有，只不过我的想象力有限罢了。

经济低迷的那几年，实用主义在时装界占了上风，好卖和好穿成了多数时装品牌的设计方向，小心翼翼地建议他们的VIP购买一些耐看耐穿的式样。全球经济回暖，立刻抖擞精神，压抑多时的能量总算有了出口，Alessandro Michele把New Gucci越做越欢乐，花鸟鱼虫珍珠铆钉，能穿的全都给模特穿身上，一场秀的模特站一起就像是一场脑洞全开的奇幻电影；Miuccia Prada也是把搭配一层一层又一层做得连专业造型师都跪地膜拜的程度。热闹的时装世界，又回来了。

时装世界太冷静，不免让人觉得寂寥无趣。特别是我们这些做时装编辑的，看到太过实穿的时装，即使心底也承认衣服好卖才是王道，终究会被设计感强的时装吸引走更多注意力。不过，对于实穿性的尺度把握，还有各种时装禁忌，每个人都有各自的标准，或者说，每个人的底线都是不同的。

每个人都多多少少受过一些时装教育，而大多数教育，基本上是从禁忌出发，我们多数人都听到过这些谆谆教诲：全身上下不能超过三个颜色，不要把各种图案堆砌在一起，配饰的点缀要适可而止，如果你不擅长搭配，就穿基本款。

这些话一点没错。但是不适合遵守一辈子。这些教材应该叫作《时装傻瓜指南》，反正你照着做很省事，不会出错，更不会出彩。但是，你同时也要知道，打破这些禁忌，就会面临两种结果：出错，或者出彩。

出错不难，出彩很难。所以打破时装禁忌，实在有些冒险的刺激感。对于喜欢尝试新事物的人来说，每一次突破禁忌都是快乐，而对于占据大多数的芸芸众生，这必定是小心翼翼深思熟虑欲行又止多少次之后的结果，而且很可能会无疾而终。

说回时装底线。刚才讲过，时装史上一次次的革命，就是一次次地冲破底线，让时装呈现前所未有的面貌，共同之处，是越来越通往自由。牛仔裤也好，迷你裙也好，都是让身体更舒展，心灵更放松。设计界今天面临着无可突破的尴尬境地，因为现在的时装已经碰触到了大众心理接受度的底线，你完全可以设计出惊世骇俗的衣服，但是除了那少数几个身先士卒什么都不吝的主儿，没有人肯接受（即使那几位一再起到模范带头作用，大众除了围观议论，不会效仿）。再也别想再现当年Coco Chanel的针织羊毛运动装和假珍珠项链、Yves Saint Laurent让女性将男装穿出魅力的吸烟装以及Mary Quant将裙摆移至膝上10公分引起轰动的盛况了。

时装的多元化带来自由的穿衣风格，尽管设计界已难有突破，穿衣服的人毕竟还有余地，你还有很多风格没有尝试过，不少着装禁忌等待解除，时装底线可以再降低些。为什么不呢？我经常会为读者解答一些时装方面的实际问题，却发现很多人只看药方不肯吃药，就是因为惯性使得我们不愿意改变现状。不怕出错，但求出彩，就是我们向更美丽迈进了一步。

你是愿意穿着太低调不被注意，还是愿意被高调的衣服抢走风头？我都不愿意，相信你也是。

有几件东西，在我的生活中总是充当着一些尴尬的角色，它们通常不动声色地躺在衣橱里，每逢我拉开门看到就不知该拿它们怎么办，又爱又恨，愁肠百结。这些玩意包括：丝巾、胸针、平底鞋与太阳镜。

有些东西，看上去美，放到自己身上，怎么都多余。丝巾和胸针对我来说就是这样。想来想去，还是塞到角落里吧，眼不见，心不烦。

至于平底鞋和太阳镜，表面上看去，这么普通的两样东西，有什么好烦恼？可我不得不承认，它们真的，真的，令我纠结不已。原因是：一个太过低调，令人信心不足，一个则过于高调，难以驾驭。

倒也不是从来不穿平底鞋，我在逛超市、开车，以及偶尔运动的时候会穿上一双舒服到死的软皮底平跟鞋，而这些地方，你明白，是不大需要顾及个人形象的，与之相配的，通常是没有化妆的脸，胡乱搭配的衣服——身为杂志主编，我必须说，这让我感到很惭愧。

一直以来，对我而言，在正式场合穿平底鞋的感觉有点像长期节食的人突然放开肚皮大吃一顿，会有种放任的快乐感，偶尔为之，是种调剂，长期如此，则有堕落的罪恶感。

这并不是说，穿平底鞋有多么不上台面，或我对平底鞋毫无好感，我柜子里的鞋子平底鞋接近半数，全部是我心头之爱——但它们几乎都是新的！真正的原因是，穿过高跟鞋，就再也无法忍受穿平底鞋时瞬间打回原形的痛苦。高跟鞋会让所有女人感觉更加良好。不仅仅是高度的问题，而是穿上高跟鞋，人会不自觉地对自己有要求，站姿妖娆，仪态端庄，连脖颈那道弧线都变得更优美。

高跟鞋和平底鞋，是两种截然不同的时装态度。高跟鞋是成功学的代表，《欲望都市》里Carrie说得明明白白："站在高跟鞋上我能看到全世界。"不管你是不是刻意，穿高跟鞋都带着某种目的性，回想一下那些你一定会穿高跟鞋的场合——见重要的客户、面试、跟男友第一次真正意义的约会，当然这些场合你一定会选恰当的不同款式的高跟鞋，但是一定是高跟鞋。连Christian Louboutin都说，高跟鞋与舒适压根没什么关系，但是它能赋予女人自信与力量。也不得不承认，在那些需要"Fake It Till You Make It"的场合里，我们就是会不自觉地踩着一双高跟鞋出门，它除了能让我们自然地挺胸抬头，还能让我们下意识地时刻处在警醒的状态。维多利亚•贝克汉姆曾经放话"没有高跟鞋绝不出门"，她也的确是这么做的，无论上街，长途旅行，演出，还是看比赛，被街拍被围观是她的义务，10公分高跟鞋从不会嫌太高，连抱着贝小七也能稳稳地踩在高跟鞋上昂首阔步。高跟鞋就是性感的加分装备，虽然女权主义者们都说高跟鞋是新世纪的裹脚布，是男权主义者们对女性的物化和束缚，道理一点儿没错，也有历史依据，但对于我国今时今日大龄单身女青年们需要面对的现状来说，要是有一双鞋穿上了就能至少让你看上的有为男青年在人群中多看你一眼（彼此都得能多看上这一眼才能产生后面无数种如果和可能啊），相信姑娘们是不会对那双高跟鞋说不的。至于用户体验，从诞生那天起就是反自然的高跟鞋和舒服两个字注定是不会有交集的两条平行线，别指望你能买到一双真正舒服的高跟鞋，再舒服也比不了球鞋，也没必要，谁也不会逼着你穿高跟鞋跑步不是吗？穿高跟鞋的人生啊，必然是绷着的，站得高高的望着远处自己的目标，痛也要美美地走到终点。

如果说穿高跟鞋是要改造自己的话，那穿平底鞋的女人，就是完全接受自己的女人。一双平底鞋踩在脚下，整个人都透着坦荡，没有丝毫束缚，也没有目的性，洒脱又自由。卡拉•布吕尼却总是在穿平底鞋，也许是为了迁就她身材不够高大的丈夫，也可能她本来就喜欢穿没有跟的鞋子，对于这样一个率性的女人来说，穿不穿衣服都无所谓，更何况那段毫无意义的鞋跟。

其实你也看出来了，我潜意识里喜欢平底鞋并且欣赏坦然穿着平底鞋走四方的女人，索性摊牌告诉你们，我对把平底鞋穿得美的女人充满了羡慕嫉妒恨。

这样的女人，首先得身材出众，比例完美，其次，要气质独特，或者气场强大如Angelina Jolie，或者精灵古怪如Twiggy，最重要的，是要有足够的自信，即使在高度上矮掉一截，也依然可以淡定自若。高跟鞋可以帮助女人更自信，平跟鞋则表示你本来就很自信。

学着穿平底鞋，也许会发现一片新天地。尽管我们没有完美的身材和明星的气质，平底鞋也可以穿出独特的味道。其实自从时尚圈自己也扛不住时时刻刻踩在高跟鞋上到处走以后，平底鞋跟着球鞋一起成为时髦重要配件。除了小白球鞋跟什么搭在一起都再也不违和了以外，现在基本上穿什么都可以配上一双平底鞋。飘逸的长裙，不管是穿双平底罗马凉鞋还是穿绑带或不绑带的尖头平底鞋，连晚宴时这样出席也不会被说成是dress down；乐福鞋更不用说，就没有它不能搭配的行头；Alessandro Michele到了Gucci以后更是为懒星人打开了通往时髦新世界的大门，拖鞋可以搭一切还都能很时髦这种事情也是不指望妈妈们能理解。要知道，连贝嫂现在也穿着平底鞋出街了。整个时尚圈满满都是自由自在的气息，畅快!

对了，太阳镜则是另一件让我饱受困扰的东西。说实话，戴太阳镜真的会让人感觉很好，具体一点，就是它是一件最简便快捷地让你看上去像明星的配饰——糟糕也就糟糕在这里，要是时刻戴着太阳镜，甚至在房间里也不肯摘掉，不用说，你也觉得这种装模作样冒充明星的行为会遭人鄙视。

戴黑超有很多好处：比如能制造神秘感，可以省去化妆的麻烦，还能死盯着别人看却不被发现。可惜太阳镜太抢风头，因为戴上它，你就不见了。你会沦为“那个戴太阳镜的女人”，至于你的相貌、年龄、气质、穿着，统统被它抢了镜，本来戴太阳镜是让你更醒目，而结果却是你根本没有被人看到。

墨镜这种奇妙的单品，还真不适合跟着明星们买时髦又前卫的同款，后果真的不是一点点严重。拿圆形墨镜来说，淡淡彩色的相对还好些，如果是两个黑圈的“瞎子阿炳Style”，不管这两个“饼”是大是小，你要是没有一张精致小巧又立体的脸，还是有多远躲多远，千万别为了跟你的偶像同个款就把自己往坑里推。即便是淡彩镜片的圆形墨镜，对发型的要求也不小，中分的发型不论长短都相对安全，齐刘海什么的你还是实际试戴感受下吧，墨镜一半悬在头上的感觉，也是有点儿怪怪的。再就是猫眼型和方形，这个除了看脸型，还得看行头，不够妩媚或是不够酷，都可以再考虑考虑。比起一切墨镜尴尬，作为一个亚洲人夏天里最尴尬的莫过于摘下墨镜后脸蛋儿上被压出的两条下划线了，所以墨镜这种东西，还是不要网购的好，找一家靠谱的店，一个一个试戴，才比较不容易出错，像Max Mara在中国的店铺内销售的款式都是根据亚洲人脸型设计的，不需要你的脸蛋儿来支撑。如果你不是想在时尚圈一战而红，那还是保守地选择那些品牌的经典款更实在，太时髦前卫色彩鲜艳的墨镜没有足够“抓马”的行头跟上，都会让你看起来像一个行走的太阳眼镜一样整个人消失在墨镜里。墨镜基本款真的没什么不好，Ray-Ban的飞行员墨镜依旧时髦，Karen Walker的经典款也是红了快10年，依旧是明星们的常备墨镜。选择与自己脸型、气质和着装风格相符的太阳镜，让人注意到你，并且，看到你。

让低调的平底鞋不再低调，高调的太阳镜小心你的脸色，并且触类旁通，寻找到更多高调着装与低调着装之间的平衡点。什么是完美的着装？从某个角度来说，就是无论高低，都能够成为你的调。

结语

时装到底有什么用

世界上有好多事儿，都是可有可无，好多纠结，都是自寻烦恼。

比如时尚。时尚不仅没用，还让人上瘾。浪费钱、浪费时间。挨饿受冻。

所以，干嘛跟自己过不去呢？戒了吧。

戒了就好了，一了百了。还费神考虑什么包配什么上衣，那么多人都告诉过你男人根本看不懂你的阔腿裤。也用不着买一抽屉唇膏了，反正他们分不出大红、玫瑰红、勃艮第红的区别。钱省下来可以满足胃，长胖有什么所谓，长期以来被时尚圈洗脑，我一直认为自己除了平胸就没什么太多身材优势了，也是够变态。

时装怎样都算不上人生最重要的课题。时装不当吃不当喝，也许连基本的保暖功能都没有。时装到底有什么用？

做时装的人觉得时装圈就是世界的中心，做音乐的人觉得“哆来咪”是人灵魂的中心，搞IT的觉得没有他们世界何谈进步，卖房子的会说少废话现在还有什么比房价更让人关注……人人都觉得自己是世界的中心，做时装的人大概是所有人中最自恋的了，在时装人眼里，如果世上没有好看的时装还不如让地球毁灭，生在天桥下，做鬼也甘心，道如何如何不重要，貌可一定要岸然，奢侈浪费不可耻，土和俗才十恶不赦。

我们生下来，就有自己的小圈子，在圈子里寻找自己的价值。你可以觉得钱不重要、美貌不重要，甚至活着都不重要，可事实上，那很可能是因为你有钱、有美貌，还活着。完美的生活就是一种平衡，可以样样达不到满分，但样样都要尽量考到及格。你若问我时装在生活中有多重要，我只好告诉你，没多重要，没有时装死不了，但是你在事业成功家庭美满为社会尽职尽责之余，没有觉得时装是让自己爱上自己的一个充分的理由吗？

受到女权主义深刻影响的Muccia Prada大学期间，认为未来最糟糕的选择是被迫打理家族的皮具生意——因为那是针对女人的生意。然而她在加入意大利共产主义团体时，开会却穿着Yves Saint Laurent。当她拼命逃离时尚行业，并想尝试做时尚之外任何事情之后，最终还是发现自己钟爱时装而接受了这个行当。她说："我热爱时尚，我从来不为此感到羞耻。甚至在那些不该穿着时髦的场合，我还是希望穿上时装，我不想改变我原来的样子和喜好。"倒不是每个人都有机会有才华沾上时装这门生意，但每个女人，无论从事哪一行，或多或少，会因为时装的力量变得更有魅力。

时髦永远不是世界上最重要的事情，天地那么广阔，人生那么丰富，化妆穿衣服好不好看没什么大不了，但时尚可以让你活得容易一点。

世界很美好，但还不够美好，总有各种各样的烦恼需要抖落或者假装看不见。购物、换个发型、做个指甲、喝个做作的下午茶，这些肤浅、庸俗的事情，会把渣男、刻薄上司、刁蛮客户造成的那些不快暂时踢开，如果愉悦和烦恼是此消彼长的关系，让烦恼的时间短一些，多付出些成本也是值得的。

时尚还像爱情，没有它你不会死掉，还可以免去好多麻烦，但你会失掉一次认识自己的美好机会。选择时尚地生活，也算一种阅历，需要主动去发现、体验和塑造。也许你能把无趣的一天变得有趣，仅仅因为你今天穿了一条美丽的裙子，买到一支漂亮的限量手工烛台。让自己在无可奈何的忙碌、烦躁、疲惫中保持一个美丽的姿势，忙碌、烦躁、疲惫都会显得有那么点腔调了吧！

在冗长的婚姻中主动保留爱情的感觉，在庸常的日子里时刻保持对时尚的渴望。现在，我们已经明确了两件事——时装很重要、时装并非不可企及。时装不是什么了不起的事，时装没有多深刻，时装只能给生活加一点点料，恰恰是这一点点料，让我们品出生活的美好滋味。所以，时尚这东西，戒不掉就别戒了。